小小科学馆 知识天天看

与孩子分享生活的智慧

策划：光王
主编：郭漫

航空工业出版社
北京

内 容 提 要

本书包含了众多的励志、哲理故事，从爱的内涵、生活智慧、为人处世、智慧人生、走向成功、挑战命运、教育哲理、财富智慧等几个部分，多层面、多角度、深入浅出地阐述了人生哲理。我们避开了简单生硬的说教，于简练的语言中引发出人生的真理，旨在教给青少年如何迎接生活的挑战、怎样在生活中坚持崇高的信仰、怎样跨越人生的障碍、怎样拥有十足的自信……用心品读，相信我们每一个人都会受益匪浅。

图书在版编目(CIP)数据

与孩子分享生活的智慧/郭漫主编.--北京:航空工业出版社，2012.9(2020.7重印)
(小小科学馆)
ISBN 978-7-5165-0033-0

Ⅰ.①与… Ⅱ.①郭… Ⅲ.①人生哲学-儿童读物
Ⅳ.①B821-49

中国版本图书馆CIP数据核字(2012)第146189号

与孩子分享生活的智慧
Yuhaizi Fenxiang Shenghuo de Zhihui

航空工业出版社出版发行
(北京市朝阳区北苑2号院 100012)
发行部电话:010-84936597 010-84936343

北京一鑫印务有限责任公司印制 全国各地新华书店经售
2012年9月第1版 2020年7月第3次印刷
开本:700×1000 1/16 印张:8 字数:240千字
印数:25001-30000 定价：16.80元

前言

一个简单的故事，足以给人意味深长的人生启示！无论是声名显赫的成功学者，还是普通的教师、家长，在讲述人生哲理时，都喜欢运用一些经典的小故事来辅证自己的观点。对于读者而言，与阅读那些枯燥单调的理论相比，一些蕴含哲理的小故事更易于理解和接受。

本书中的故事是从浩如烟海的成功学书籍和励志杂志中精选出来的，将许多人生哲理以最简单、朴实的方式呈现给读者，让读者能拨开理论的迷雾，直入心灵，获得人生感悟。

本书分为励志篇和哲理篇，内容系统，包括爱的内涵、为人处世、智慧人生、走向成功、挑战命运、教育哲理等内容，多层面、多角度，深入浅出地阐述了人生哲理。

我们编写本书的目的，是希望教会青少年怎样迎接生活的挑战，怎样在生活中坚持崇高的信仰，怎样跨越人生的障碍，拥有十足的自信；同时，还要使他们相信，只要有一颗伟大而崇高的心灵，任何事物都无法阻挡他们前进的脚步；只要有坚定的意志，这个世界终将听到他们发出的声音。

本书囊括了古今中外流传最广泛、引用最频繁的哲理故事，为解读人生哲理的首选读本。闲暇之时，品读几篇哲理美文，会使你在纷繁的人世间保持一份清醒与理智，让你受益匪浅。千万种人生就有千万个故事，不同的经历会有不同的体验。

编 者

目录

第一章 励志篇

第2章 哲理篇

为什么有些人敢于在急流险滩中一往无前、纵横捭阖，在生命的旅途中赢得一个又一个的胜利，享受到美妙愉悦的人生？为什么一些人终日自怨自艾、随波逐流，过着穷困潦倒、灰心丧气的生活？

强者和弱者最大的区别在于：强者有着不屈不挠的意志力和执著的忍耐力，即便因为屡次失败而遍体鳞伤，他们仍然顽强拼搏，坚持到底。如果一种途径不行，那就尝试另一种，胜利只属于坚强的人。

励志篇

第1章

美好生活 美丽心情

决定你一生成就的28个信念

1. 我是最棒的。
2. 我是一切的根源。
3. 我是我认为的我。
4. 成功是因为态度。
5. 过去不等于未来。
6. 人，因梦想而伟大。
7. 不是不可能，只是暂时还没有找到方法。
8. 成功一定有方法。
9. 成功者找方法，失败者找借口。
10. 命运在自己的手里，而不是在别人的嘴里。
11. 天助自助者。
12. 你越努力，你的运气就会越好。
13. 我要，我就能。
14. 决心决定成功。
15. 山不过来，我就过去。
16. 每天进步一点点。
17. 没有失败，只是暂时停止成功。
18. 只要不服输，失败就不会是定局。
19. 坚持到底，永不放弃。
20. 人人都能成功。
21. 立即行动。
22. 做事先做人，成就小事靠专业，成就大事靠德行。
23. 事业成功的人与不成功的人，最大的差别在于他们遇事时的思考方式不同。
24. 成功不是因为我们有多少才能，而是我们用了多少才能。
25. 所有的决定取决于自己，一切操之在我。
26. 只要你帮助足够多的人得到他们想要的，你就能得到你想要的任何东西。
27. 如果你希望成功，与其墨守成规，不如别出心裁。
28. 我们不能左右风的方向，但我们能调整风帆。

石头因梦想而喝彩

人生不能没有梦想，不能没有希望。从一定意义上说，人生的辉煌乃至整个世界都是靠梦想和希望创造出来的。梦想是什么？梦想是引爆生命潜能的导火索；希望是什么？希望是激发生命激情的催化剂。有了梦想，有了希望，人生就有了目标，有了追求，有了信心，有了专心致志、锲而不舍的原动力。如果每个人都播种一个“梦想”，给自己一个希望，就一定能活得生机勃勃。

本文主人公薛瓦勒画像

薛瓦勒是一名乡村邮差，日复一日地穿梭在宁静秀美、古朴苍茫的乡村。生活没有波澜，也没有奇迹，就像脚下的小路，蜿蜒向前却没有意外的景致。

有一天，这个邮差在崎岖的山路上被一块石头绊倒了。他拿起那块石头一看，发现石头十分异样，异样的美丽，仿佛被谁遗失的宝石，蒙着岁月的风尘，一旦拂去风尘，就在瞬间发出耀眼的光芒。薛瓦勒爱不释手，为了赶路便把它放进自己的邮包里，同时他生出一个念头：如果用这样美丽的石头建造一座城堡，那将会多么动人！

于是，他每天在送信途中都寻找并带回许多奇形怪状的石头。为了捡回更多的石头，他开始推着独轮车送信，顺便捡回一车石头。就这样，他每天白天送信捡石头，晚上按照自己天马行空的想象来建造自己的城堡。许多人认为他这是异想天开，痴人说梦，他却不为所动，依然故我，幸福地建造着自己的城堡。

经过20多年的不懈努力，终于在他偏僻的住处，出现了一大片错落有致的石头城堡。

推着车子运石头的薛瓦勒

据说，这个就是“牵绊的开始”。

1905 年，法国一家报纸的记者偶然发现了这座空前绝后的城堡——准确一点说，不单单是一座，而是许多座错落有致的城堡。并为这里的风景和城堡的建筑格局感叹不已，于是写了一篇关于这座城堡的介绍文章，刊登后引起了巨大反响：许多人都慕名前来参观城堡，那条小路渐渐拓展，更多人看到在邮差偏僻寂寞的住所果真矗立着一座座以往只有童话中才有的城堡。连高傲寂寞、才华诡谲的画家毕加索也专程来参观薛瓦勒的建筑。

现在，这座城堡已成为法国著名的旅游景点，它的名字就叫“邮差薛瓦勒之理想宫”。据说，城堡入口处就是当年绊倒薛瓦勒的那块石头，而在石头上刻着：“我想知道一块有了梦想的石头能走多远。”

薛瓦勒的理想宫，充满天马行空的想象，又气势恢宏。

理想在曲折中前行

我们每个人都应该有自己的理想，并希望实现自己的理想。要实现自己的理想，我们应该做好对人生做出规划。这个规划要尽可能长远，尽可能具体，要一步一个脚印的付出努力。而理想也是可以变化发展的。有时我们需要根据自己的能力、兴趣和实际情况对自己的理想进行适当调整，以促进理想的实现。下面我来给大家讲个故事，看看皮尔·卡丹是怎样调整自己的理想，并实现自己的理想的。

1922 年 7 月 2 日，小皮尔出生于意大利威尼斯近郊一户贫苦农家。全家经历了无数的艰辛，最后才在法国东南部的格勒诺布尔勉强定居下来。

少年时期的皮尔非常喜欢舞蹈，他的理想是成为一名出色的舞蹈演员。可是，因为家境贫寒，八岁那年，举家迁往圣莱第昂。父亲把他送进当地的一所小学读书。他 14 岁便中途辍学，父母不得不将他送到一家小裁缝店里当起了学徒，以勉强维持生计。皮尔感到理想无法实现，认为生活无望而想自杀。就在皮尔准备自杀的当晚，他突然想起了崇拜已久的有着"芭蕾音乐之父"美誉的布德里，他决定给布德里写封信，恳求收下他这个学生，否则他会跳河自尽。很快，皮尔收到了布德里的回信，布德里讲了一段自己的人生经历。

"足尖上的艺术"——芭蕾舞美丽而优雅，让无数年轻人的心中充满了向往。

布德里说他小时候很想当一位科学家，因为家境贫穷无法上学，他不得不跟着一个街头艺人卖唱过日子。他最后写道："人生在世，现实与理想总是有一定的距离，在理想与现实生活中，人首先要学会选择生存，一个连自己的生命都不珍惜的人，是不配谈艺术的……”皮尔读后猛然省悟。

后来，他努力学习缝纫技术，从 23 岁那年起，他在巴黎开始了自己的时装事业。很快，他便建立了自己的公司和服装品牌。皮尔成了令人瞩目的亿万富翁，以他的名字命名的产品也遍及全球。

皮尔·卡丹是 20 世纪时尚的革命先锋。他过人的创意在其他领域及经营理念上，也发挥得淋漓尽致。图为皮尔·卡丹和他的模特儿们在皮尔·卡丹品牌的秀场上。

有一天，皮尔在接受记者采访时说，他并不具备舞蹈演员的素质，那只不过是年少轻狂时的一个虚幻的梦而已，如果那时他不放弃当舞蹈演员的理想，就不可能有皮尔·卡丹！

1945 年风雨交加的年末，皮尔·卡丹迈进了巴黎的大门。

1947 年，皮尔·卡丹在迪奥公司担任大衣和西服部的负责人，参与了轰动巴黎的"新造型"的诞生。

1953 年，依然在那间陋屋里，皮尔·卡丹第一次举办了个人时装展览。

1979 年，皮尔·卡丹举办了中国有史以来第一个国外品牌的时装展示会。

1981 年，皮尔·卡丹以 150 万美元买下巴黎即将要破产的玛克西姆餐厅。

1974 年 12 月，皮尔·卡丹登上了美国《时代》杂志的封面，该杂志他的评论是:"本世纪欧洲最成功的设计师。

本文主人公

1855 次被拒绝

史泰龙在被拒绝了 1855 次后成为世界巨星，他的成功充分验证了世界华人成功学大师陈安之的成功法则：“没有失败，只有暂时停止成功。”“成功者绝不放弃，放弃者绝不成功。”

史泰龙的父亲弗兰克·史泰龙是发型师，母亲杰奎琳·史泰龙是合唱团歌手。他童年时被寄养在别人家里，寂寞的日子里他靠看漫画书来打发时间，为了模仿书中的英雄，淘气的他共断掉过 11 根骨头，还先后被 14 所学校开除，最终他选择了瑞士的美国学院，学习表演。他在学生时代创作的《推销员之死》中的表演大获好评，这使他意识到表演是他一生的追求。

史泰龙回到美国之后进入了迈阿密大学戏剧系。但不幸的是，当时没有老师赏识他。他没有修完就退了学，前往纽约去寻求发展。因为史泰龙把演艺事业当成他毕生的追求，所以在纽约他不找除演员之外的任何工作。

在纽约最初的一段日子里，史泰龙十分落魄，身上只剩 100 美金，连房子都租不起，但他立志当演员的决心却丝毫没有改变。

下垂的眼角、含糊不清的发音，这是西尔维斯特·史泰龙的两大特点。虽然他满怀信心地到纽约的电影公司去应聘，但都因他平平的外貌和咬字不清而遭到拒绝。纽约共有 500 家电影公司，他不辞辛苦地一一前去拜访，但无一例外地都拒绝了他。无数次的受挫并没有熄灭他渴望成为演员的决心，他坚信：“过去不等于未来，没有失败，只有暂时停止成功。”他又回过头来，再从第一家电影公司开始新一轮的尝试。在被拒绝第 1500 次的时候，他的机会来了。

一次很偶然的机缘，史泰龙看了一场拳王阿里和一个小拳手的比赛，小拳手居然与阿里苦斗了 15 个回合。这给了史泰龙灵感，他用 3 天就完成了拳手洛奇的传奇故事。

史泰龙拿着自己写的电影剧本去寻找电影导演，但由于他坚持由自己扮演洛奇，让许多制作人望而却步。在史泰龙遭到了 1855 次拒绝之后，上天不负苦心人，史泰龙终于找到一个肯拍那个剧本的电影公司老板。

《洛奇》仅用了 1 个月就完成了，这匹黑马在 1976 年一举赚得 2.25 亿美元，并赢得了当年的奥斯卡最佳影片和最佳导演奖。史泰龙本人也获得最佳男主角和剧本的提名。

《洛奇》奠定了史泰龙在世界影坛的地位，此后他接连出演和导演了五十余部影片，多部大片在世界创造了前所未有的票房纪录，史泰龙也成为世界影迷心中的英雄。

2010 年，年逾 60 的史泰龙在其主演的电影《敢死队》的首映礼上，热情的影迷们手中还举着当年《洛奇》的海报。

好莱坞明星大道上属于史泰龙的那颗星

1946年7月6日，西尔维斯特·史泰龙在美国纽约出生。小时候的史泰龙在同学眼中其貌不扬，没有人会把他和动作巨星连在一起，同学还觉得他是“最有可能在电椅上结束生命的人”。

初入电影圈的史泰龙，自然是仅能接触一些跑龙套的小角色，后来在演出自己编写的剧本《洛奇》后，终于大受欢迎。

而后的《反暴特勤组》及《victory》虽然票房不如预期理想，但在电影《第一滴血》中的兰博一角将史泰龙又往上推进了一层，观众爱死了这个话不多、坚毅不屈、怎么折磨都不死的约翰·兰博。

史泰龙在当时的好莱坞片酬排行榜中算是顶尖级的男演员，不过史泰龙想争取更宽广的表演空间。他积极争取喜剧及剧情类影片的演出，但观众及片商仍看好他矫健的身手，如在《极速竞赛》中，史泰龙仍是以其精彩及高难度的动作表现折服了观众。

本文主人公

爱是生命中最好的养料

爱是生命中最好的养料，哪怕只是一勺清水，也能使生命之树茁壮成长。也许那树是那样的平凡、不起眼；也许那树是如此的瘦小，甚至还有些枯萎，但只要有这养料的浇灌，它就能长得枝繁叶茂，甚至长成参天大树。

一个小男孩几乎认为自己是世界上最不幸的孩子，因为患脊髓灰质炎而留下了瘸腿和参差不齐且凸出的牙齿。他很少与同学们一起游戏或玩耍，老师叫他回答问题时，他也总是低着头一言不发。

一个平常的春天，小男孩的父亲从邻居家要了一些树苗，他想把它们栽在房前。他叫他的孩子们每人栽一棵。父亲对孩子们说："谁栽的树苗长得最好，就给谁买一件最喜欢的礼物。"

小男孩也想得到父亲的礼物，但看到兄弟姐妹们蹦蹦跳跳提水浇树的身影，不知怎么，他萌生出一种阴冷的想法：希望自己栽的那棵树早点死去。因此浇过一两次水后，他再也没去搭理那棵树。

几天后，小男孩再去看他种的那棵树时，惊奇地发现它不仅没有枯萎，而且还长出了几片新叶子，与兄弟姐妹们种的树相比，显得更嫩绿、更有生气。

父亲兑现了他的诺言，给小男孩买了一件他最喜欢的礼物，并告诉他说："从你栽的树来看，你长大后一定能成为一名出色的植物学家。"

从那以后，小男孩慢慢变得乐观向上起来。

一天晚上，小男孩躺在床上睡不着，看着窗外明亮皎洁的月光，忽然想起生物老师曾说过的话：植物一般都在晚上生长。于是他觉得应该去看看自己种的那棵小树……

11岁时的罗斯福

当他轻手轻脚地来到院子里时，却看见父亲用勺子在向自己栽种的那棵树下泼洒着什么。他一下子都明白了，原来父亲一直在偷偷地为自己栽种的那棵小树施肥！他返回房间，任凭泪水肆意地奔流……

几十年过去了，那瘸腿的小男孩虽然没有成为一名植物学家，但他却成为了美国总统，他的名字叫富兰克林·罗斯福。

慈爱的罗斯福总统

富兰克林·罗斯福（1882—1945）是美国第32任总统，出生于纽约。父亲詹姆斯·罗斯福是一个百万富翁，母亲萨拉·德拉诺比父亲小26岁。罗斯福曾就读于哈佛大学和哥伦比亚大学。1910年任纽约州参议员。1913年任海军部副部长。1928年任纽约州州长。1932年竞选总统获胜。执政后，以“新政”对付经济危机，颇有成效，故获得1936年、1940年、1944年大选连任。第二次世界大战初，美国采取不介入政策，但对希特勒采取强硬手段，以“租借法”支持同盟国。1941年年底，美国参战。罗斯福代表美国两次参加同盟国“三巨头”会议。罗斯福政府提出了轴心国必须无条件投降的原则并得到了实施。罗斯福提出了建立联合国的构想，也得到了实施。63岁时因脑溢血去世。

本文主人公

人生的悬崖

其实每个人又何尝不像那只鹰一样，总是对现有的东西不忍放弃，对舒适平稳的生活恋恋不舍呢。一个人要想使自己的人生有所成就，就必须懂得在关键时刻把自己带到人生的悬崖，给自己一片悬崖，其实就是给自己一片蔚蓝的天空。

儿子想要到更远的地方去历练自己，但是左思右想，舍不得放下自己现在拥有的一切。在他非常困惑的时候，父亲给他讲了一个故事：

有一个乡下老人在山里打柴时，捡到一只很小的、样子怪怪的鸟，那只怪鸟和刚满月的小鸡一样大小。也许因为它实在太小了，还不会飞，老人就把它带回家给小孙子玩耍。

老人的小孙子很调皮，他将怪鸟放在小鸡群里，充当母鸡的孩子，让母鸡养育着。母鸡没有发现这个异类，全心负担起了一个母亲的责任。

鸡妈妈、鸡宝宝、鹰宝宝，奇怪的一家！

怪鸟一天天长大了，没想到它竟是一只鹰，人们担心鹰再长大一些会吃鸡。然而人们的担心是多余的，那只鹰一天天长大了，却始终和鸡相处得很和睦，也从不高飞。只有当鹰从树上向地面俯冲时，鸡群才会出于本能引起片刻的恐慌和骚乱。

时间久了，村里的人们对于这种鹰鸡同处的状况越来越看不惯，如果哪家丢了鸡，首先便会怀疑是被它吃掉了，因为鹰生来是要吃鸡的。越来越不满的人们一致强烈要求：要么，杀了那只鹰，要么，将它放生，让它永远也别回来。

因为和鹰相处的时间长了，有了感情，这一家人自然舍不得杀它，于是决定将鹰放走……

然而，他们用了许多办法，都无法如愿以偿地让那只鹰重返大自然。

无奈之中，他们把鹰带到村外的田野上，可是过不了几天那只鹰又回来了；他们驱赶它，不让它进家门，甚至将它“打”得遍体鳞伤……

许多办法试过了都不奏效，最后他们终于明白：原来鹰是眷恋它从小到大的家园，舍不得那个温暖舒适的窝。

后来，村里的一位老人说：“把鹰交给我吧，我一定会让它重返蓝天，永远不再回来。”

老人将鹰带到附近一个最陡峭的悬崖绝壁旁，然后将鹰狠狠地向悬崖下的深涧扔去，如扔一块石头。那只鹰开始也如石头般向下坠去，然而快要坠到涧底时，它只轻轻展开双翅就稳稳托住了身体，开始缓缓滑翔，然后它轻轻拍了拍翅膀，飞向蔚蓝的天空。

它越飞越自由舒展，越飞动作越漂亮。这才叫真正的翱翔，蓝天才是它真正的家园！它越飞越高，越飞越远，渐渐变成了一个小黑点，飞出了人们的视野，永远地飞走了，再也没有回来。

听了父亲讲的故事，年轻人明白了父亲的用心，毅然出发了。

站在人生的悬崖，你有一飞冲天的勇气吗？

把自己推到前台

一位身体残疾而心灵充满阳光的少年带给了我们许多启迪：只把希望寄托在别人身上，等待伯乐来发现，无疑是一种被动和软弱，只有自己发现自己，努力把自己推到前台，前面的风景才会更精彩。

因为他身材矮小，所以总是被别人忽视。

上小学的时候，学校开展小发明比赛，但是班级小组推荐的名单中没有他。于是他找到老师表示愿意参加比赛，老师尽管有些怀疑，但仍答应了他。

几天后，他交上了自己的作品——无尘电动黑板擦，这个作品不仅在学校获了奖，还在市里获得一等奖。

上中学的时候，他的身高只有1米多一点。一次，电视台、教育厅、省科协举办“青少年科技创新大赛”。他经过长时间思考后，给电视台打去电话，擅自决定代表自己的学校报名参赛。结果他设计的电动车防滑带获得此次大赛一等奖，为学校争得了荣誉。

2003年12月，联合国教科文组织决定举办一次“全球儿童文化论坛”，在全球每个国家选择一名14岁以上的青少年赴巴塞罗那参加活动。这一次，他又主动报了名，并被列为候选。然而，全国共有120名候选青少年，从中只能挑选1人。组织者把120人分为12个小组，每组选1名代表上台演讲。不幸的是，他没有被小组选上……

当其他选手在台上侃侃而谈的时候，他再也坐不住了，悄悄地靠近一位工作人员说：“叔叔，您能不能帮我喊一下台上的主持人？”主持人走到他的身边，他小声对主持人说：“尽管没有人推选我，可我觉得我有这个能力，您给我一次机会，我会还您一份惊喜！”

主持人和评委沟通以后，终于答应让他上台试一试。这一试，他成了中国唯一的入选者！

2004 年 3 月，他接到了联合国的正式邀请。5 月 12 日，身高只有 1.2 米的他，作为中国唯一的代表站在了国际论坛上，他的演讲赢得了场内持续热烈的掌声。

他的名字叫姚跃，安徽省合肥市三十八中一位 16 岁的残疾少年。

姚跃发明的无尘电动黑板擦

姚跃个头小，却在许多方面表现出“大智慧”。他获得过合肥市青少年科技创新大赛一等奖、安徽电视台“金点子行动”发明创造比赛（青少年组）二等奖、省残疾人乒乓球赛第四名、合肥市中小学生乒乓球赛团体第一名……他专为残疾人制作的网站可以为残疾人提供免费咨询服务，英国一家残疾人基金会准备吸纳这个网站。专职为像父亲和自己一样身有残疾的人士服务，是姚跃的人生理想。

姚跃信奉“自己要给自己当伯乐”。在不被同学老师看好的情况下，多次毛遂自荐，并最终代表中国儿童走上联合国讲坛，成长为一名健康自信的“阳光少年”。

本文主人公

美好生活　美丽心情

每天问自己 10 个问题

如果你想走出常规，放松心情，以积极的心态开始每一天，那就很有必要以自问的方式开始一天，这些问题会给我们带来力量和好心情。

1. 我拥有什么?
   通常我们会为自己没有的东西而苦恼，却看不到自己所拥有的，如健康、可以听、可以看、可以爱与被爱、每天都有食物供我们享用，还有美丽的太阳温暖着我们。正如那句口口相传的话所说的："失去了才懂得珍惜。"让我们走出哀怨，这样就可以看到什么是我们所拥有的。

2. 我应该为什么感到自豪?
   为你已经取得的成绩而自豪。成绩不分大小，每一次成功都意味着向前迈出了一步。你可以为你刚刚战胜的一个挑战感到骄傲，可以为第一次考试成为班级第一感到兴奋，可以为帮助了一个陌生人而感到幸福，可以为帮助了一个朋友露出微笑，也可以为结识了新朋友或读了一本新书而感到开心。总之，一切都值得你自豪。

3. 我应对什么心存感激?
   每天都有很多事情让我们为之心存感激，同时也有很多人值得我们感谢，因为他们在无形之中教会了我们很多事情。生活的每一天对于我们来说都是一份珍贵的礼物。

4. 我怎样才能充满活力?
   每天都要计划好做一些积极的事情，让自己充满活力。例如，可以给那些一直以来你都很欣赏，却很久未联系的人打电话或者写封信；对你身边的朋友说一些鼓励的话；早晨微笑，告诉自己：今天我看起来很棒，而且阳光会很不错；或者留出时间和比你年龄小的孩子疯狂踢场球、玩耍等。

5. 我今天能解决什么问题?
   设法把那些原本想留到明天才解决的问题今天就统统解决掉，尽量在当天完成手边的工作，要敢于面对那些棘手的问题，并换一种角度看待它们，这样你就会发现，其实它们也没那么难。

6. 我能抛下过去的包袱吗?

“过去的包袱”就是指那些长年累积起来的伤心的经历和怨气。背着这些沉重的生活包袱有什么用呢? 建议你对过去做一个总结，把值得借鉴的经验保存起来，然后永远地卸下重负。轻装上阵，会让你突然感到身心放松后的愉悦心情。

7. 我怎么换个角度看待问题?

人往往都是别人的建议者，却不是自己的。很多时候，根本问题就是我们看待事物的方式。很多人都曾为一件事苦恼不堪，过后又觉得可笑。悲喜只是我们看问题的角度不同而已。

8. 我怎样过好今天?

过好今天，不意味着今天的事情都是快乐的，但是接受它们，本身就是一种过好今天的方式。接受，而不是逃避，是过好今天的首要条件。所以为了过好今天，我们要做些与往常不一样的事情。比如：和你身边的某些同学或者朋友平时相处得不是很愉快，今天试着和他（她）沟通一下，说不定你就会交到一个知心朋友；也许由于某些原因，你从来没穿过裙子，今天找一条漂亮的裙子穿出去，或许就会得到路人或者朋友的赞许。所有我们平时没有做过的事情，不妨今天破一次例，你会发现你从来没有过的感觉。如果我们走出常规，学会享受生活，那么生活就是丰富多彩的。我们要敢于创造和创新。现在：Let's do something different.

9. 今天我要拥抱谁?

拥抱是我们的精神食粮。曾经有一位心理学家说过：要想健康，每天至少要拥抱 8 次。身体接触是人最为基本的需求，它甚至可以帮助我们开发大脑。家人、同学、朋友、老师或者是身边的伙伴，见面或者开心的时候给他们一个拥抱，你会发现，不知不觉中又增加了一份好心情。试问一下自己：今天，你拥抱了吗?

10. 我现在就开始行动?

不要认为这些都是“听起来不错”的建议，也不要认为生活很难是这样的。其实，每天的生活都不是你想象中的那样。是让生活过得索然无味，还是积极向上? 决定权就在自己的手中。努力幸福地生活，你又会失去什么呢? 所以，从现在开始行动吧!

别对自己说不可能

从某种意义上来说，我们人类的历史，何尝不是一部将“不可能”化为“可能”的进程？不是吗？在巨轮诞生之前，又有几人相信人类能够在惊涛骇浪中轻松漫步？在航天飞机穿越云海之前，又有几人相信人类能够在太空遨游？在网络问世之前，又有几人相信地球真的能够成为一个小小的村落……然而，一代代人执著的追求，最终将梦想变为了现实。

当父亲在医院第一眼看到刚出世的儿子时，他的心都碎了——小家伙只有可口可乐罐子那么大，腿是畸形的，而且没有肛门，躺在观察室里奄奄一息。医生断言，这孩子几乎不可能活过 24 小时！

悲伤的父亲回去给孩子准备好小衣服、小棺材、小墓地后，回到医院发现儿子居然还活着。可医生又接着说了，孩子不可能活过一周。然而，小家伙挣扎着，活过了一周又一周……最终顽强地活了下来。父亲将他带回家，取名约翰·库缇斯。

小约翰实在太小了，周围的一切对他来说都像庞然大物。胆怯的他对任何比他大的东西都充满恐惧，尤其是家里的狗经常欺负他。然而，家人并未因为他的恐惧而给他多几分关爱。相反，父亲经常对他说：“你必须自己面对一切恐惧，勇敢起来！”

时光飞逝，小约翰上学了。当他背着比他个头还大的书包、坐在轮椅上开始憧憬新生活时，他压根也没有想到迎接自己的却是噩梦。

学校里有很多调皮的学生，个头矮小的约翰几乎成了他们的玩偶。他们掀翻他的轮椅，弄坏他轮椅上的刹车，让他从学校走廊直接“飞”进老师办公室，甚至把他绑在教室的吊扇上随风扇一起转动。最恶劣的一次是，几个同学用绳子绑住他的手，用胶带封住他的嘴，把他扔进垃圾箱里，随后在垃圾箱外点起了火。滚滚浓烟令约翰窒息，他恐惧极了，瘦小的身体拼命挣扎，直到一位老师将他解救出来……

后来，约翰上了高中。有一次幻灯课上，约翰出去上厕所，可是，他在黑暗中每移动一步，都感到钻心的疼痛。当他来到光亮处，才发现自己的手上扎满了图钉，鲜血直流。

约翰终于无法忍受了。回到家，望着镜中的自己，想着自己一次次被折磨、被侮辱的遭遇，他放声大哭。他想到了死亡，想到了自杀，但他还是舍不得疼爱他的双亲……

1987 年，17 岁的约翰·库缇斯做了腿部的切除手术。因为那两条从来也没有派上过用场的畸形的腿像尾巴一样翘起来，行动非常不方便。约翰成了“半”个人，但行动却比以前自如。

高中毕业后，约翰决定给自己找份工作。那时候，他已做了腿部的切除手术。每天早晨，他爬在滑板上，敲开一家又一家的店门，问店主是否愿意雇用他。可等人家打开门时，根本就没有发现几乎趴在地上的约翰，就又把门关上了。

经过千百次应聘失败后，约翰终于在一家杂货铺找到自己的第一份工作。后来他又做过销售员、技术工人，还在仪表公司拧过螺丝钉。他每天凌晨四点半起床，赶火车到镇上，然后爬上他的滑板，从车站赶到几千米外的工厂。尽管生活艰辛，但是能够自食其力，约翰勇敢而快乐地活着。

约翰浑身上下总是充满竞争和拼搏精神，有着天生的运动员气质。12岁起，约翰开始打室内板球，还喜欢上了举重和轮椅橄榄球。由于手部的长期使用，他的手臂有着惊人的力量。他的命运其实从那时就开始转变。1994年，约翰·库缇斯成为了澳大利亚残疾人网球赛的冠军；2000年，约翰拿到澳大利亚体育机构的奖学金，并在全国健康举重比赛中排名第二。他用成绩回击了所有的嘲笑和侮辱。

一次偶然的公开演讲，给约翰带来了全新的人生。

在一次午餐会上，约翰应邀对自己的经历做简短的演讲。“我一定要把最勇敢的一面呈现给观众！”约翰告诉自己。演讲结束之后，他的经历和现状让现场观众热泪盈眶，赢得了热烈的掌声。一个女生跑到台上，哭着告诉约翰，她非常不幸，正准备自杀，身上还带着手枪，

约翰·库缇斯，世界上最著名的激励大师，来自澳大利亚。他天生严重残疾，但他以拒绝死亡来挑战医学观念。他没有腿，也不依靠轮椅生活、移动和存在，坚持用手“走路”，滑板也是他“忠实”的代步工具，却形成了世界级的自尊、自信和自立。

他去过约190个国家，得到过南非总统曼德拉的接见。他的演讲慷慨激昂，震撼人心。他有清晰的头脑，很好的幽默感，他乐于付出他的时间和才能。约翰每到一处都掀起泪海与热潮。曾经在澳洲对超过25万人和总人数超过10万人的企业及社团演讲过。

近年来，这位世界级的激励大师应邀来到中国作激励演讲，掀起了一股狂潮，《成功》杂志第一时间对他进行了追踪采访。

本文主人公

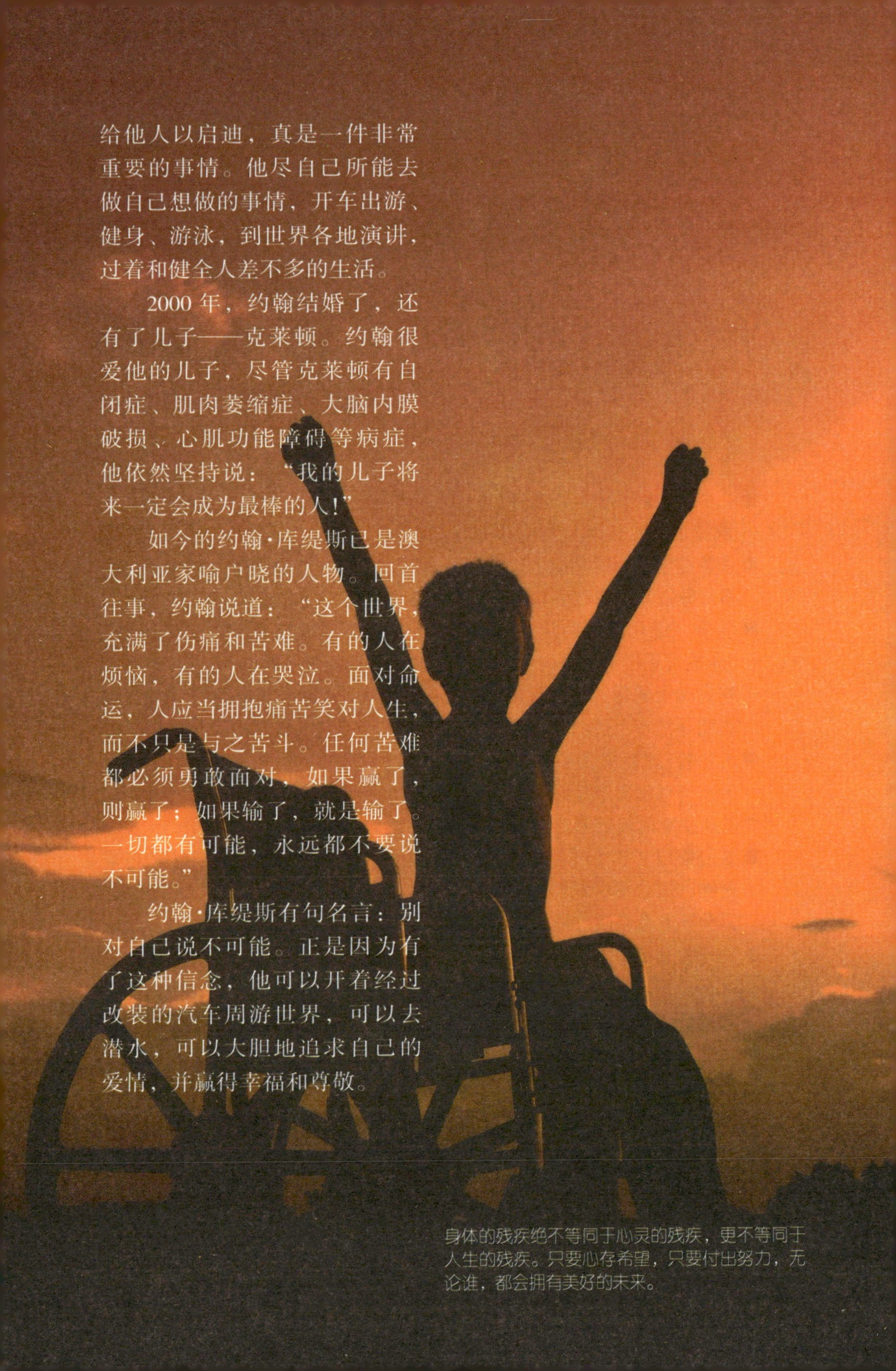

给他人以启迪，真是一件非常重要的事情。他尽自己所能去做自己想做的事情，开车出游、健身、游泳，到世界各地演讲，过着和健全人差不多的生活。

2000年，约翰结婚了，还有了儿子——克莱顿。约翰很爱他的儿子，尽管克莱顿有自闭症、肌肉萎缩症、大脑内膜破损、心肌功能障碍等病症，他依然坚持说："我的儿子将来一定会成为最棒的人！"

如今的约翰·库缇斯已是澳大利亚家喻户晓的人物。回首往事，约翰说道："这个世界，充满了伤痛和苦难。有的人在烦恼，有的人在哭泣。面对命运，人应当拥抱痛苦笑对人生，而不只是与之苦斗。任何苦难都必须勇敢面对，如果赢了，则赢了；如果输了，就是输了。一切都有可能，永远都不要说不可能。"

约翰·库缇斯有句名言：别对自己说不可能。正是因为有了这种信念，他可以开着经过改装的汽车周游世界，可以去潜水，可以大胆地追求自己的爱情，并赢得幸福和尊敬。

身体的残疾绝不等同于心灵的残疾，更不等同于人生的残疾。只要心存希望，只要付出努力，无论谁，都会拥有美好的未来。

美好生活　美丽心情

当你感到沮丧无望时，想想这些人（一）

- 哲学家苏格拉底曾被人贬为“让青年堕落的腐败者”。
- 彼得·丹尼尔小学四年级时常遭到年级主任菲利浦太太的责骂：“彼得，你功课不好，脑袋不行，将来别想有什么出息！”彼得在 26 岁前仍是大字不识几个，有次一位朋友念了一篇“思考才能致富”的文章给他听，给了他相当大的启示。现在他买下了当初他常打架闹事的街道，并且出版了一本书：《菲利浦太太，你错了》。
- 《小妇人》作者，露意莎·梅·奥尔柯特的家人曾希望她能找个佣人或裁缝之类的工作。
- 贝多芬学拉小提琴时，技术并不高明，他宁可拉他自己作的曲子，也不肯做技巧上的改善，他的老师说他绝不是个当作曲家的料。
- 发表《进化论》的达尔文当年决定放弃行医时，遭到父亲的斥责：“你放着正经事不干，整天只管打猎、捉狗捉耗子的。”另外，达尔文在自传上透露：“小时候，所有的老师和长辈都认为我资质平庸，和聪明是沾不上边的。”
- 沃尔特·迪斯尼当年被报社主编以缺乏创意的理由开除，建立迪斯尼乐园前也曾破产过好几次。
- 爱迪生小时候反应奇慢无比，老师都认为他没有学习能力。
- 爱因斯坦 4 岁才会说话，7 岁才会认字，老师给他的评语是：“反应迟钝，不合群，满脑袋不切实际的幻想。”他曾经被退学，在申请苏黎世技术学院时也被拒绝。
- 罗丹的父亲曾怨叹自己有个白痴儿子，在众人眼中，他曾是个前途无“亮”的学生，艺术学院考了 3 次还考不进去。他的叔叔曾绝望地说：“孺子不可教也。”
- 《战争与和平》的作者列夫·托尔斯泰大学时因成绩太差而被退学，老师认为他既没读书的头脑，又缺乏学习意愿。
- 亨利·福特在成功前曾多次失败，破产过 5 次。
- 丘吉尔小学六年级曾遭留级，而他的前半生也充满失败与挫折，直到 62 岁他才当上英国首相，以“老人”的姿态开始有一番作为。
- 理查·巴哈当年找过 18 家出版商发行他的万字励志小说《天地一沙鸥》，但全都被打回，最后麦克米兰公司才在 1970 年出版这本书。1975 年，仅美国一地的销售量就已超过 700 万册。

给自己一张梦想支票

我们都有梦想与人生目标，但是，却经常给自己很多借口删除与变动，并且，不将之放在心上，梦想永远只是梦想。给自己一张梦想支票吧！在上面填上梦想名称、兑现日期，并且努力去完成。

1947 年 7 月 30 日阿诺德·施瓦辛格出生于奥地利格拉茨一个鲜为人知的小镇。从小体弱多病的他在父亲的鼓励下爱上了运动，最初常常参加英式足球和田径比赛，15 岁时，他发现自己真正喜爱的项目是举重，为此他潜心苦练，长达 3 年，铸就了一副强壮的身板。

施瓦辛格从小就是个爱幻想的少年，他下定决心要成为世上最有名的健美先生。朋友们都认为他是痴人说梦，因为健美需要投注许多时间和精力。

但施瓦辛格的决心却是随着日子的流逝有增无减，他经常对自己说："我不但要成为世界上最有名的健美先生，还要当电影明星。"

而朋友总是对他说："不要做白日梦了。"

于是，施瓦辛格将自己的目标写在小卡片上，将它放在皮夹里，时时鞭策自己，并跟自己约定，一定要达到目标。

为了接近理想，完成自己的约定，施瓦辛格到了美国，首先努力完成了健美先生的目标，之后成为了世界知名的演员，如今已是加利福尼亚州的州长。

当选加利福尼亚州州长的施瓦辛格

阿诺德·施瓦辛格可谓是誉满全球，几乎没有人不认识他。从"奥林匹亚先生"到"影坛巨星"，他的一生颇具传奇色彩。

阿诺德·施瓦辛格15岁时，身高已达到1.88米。1966年，在德国举行的欧洲健美锦标赛上，19岁的施瓦辛格获得了"欧洲先生"称号。

1970年，他在美国好莱坞拍摄的一部影片中崭露头角，他的表演天才以及无与伦比的发达肌肉、健美的体型使他一炮走红。此后他在一系列科幻动作影片中获得极大成功，成为世界影迷心目中的英雄偶像。《魔鬼终结者》、《蒸发密令》及《真实的谎言》等影片颇受中国人的喜爱，他曾被誉为"世界上最强壮的男人"。

本文主人公

不要向困苦的环境低头

无论环境如何的困苦，都不要向它低头，要坚持。沙地虽然贫瘠干燥，绿色的仙人掌还是挺直身躯，让自己绽出缤纷的花朵。

安徒生很小的时候父亲就过世了，留下他和母亲相依为命。

一天，他和一群小孩受邀到皇宫里去见王子，请求赏赐。他满怀希望地唱歌、朗诵剧本，希望他的表现能获得王子的赞赏。

等到表演完后，王子和蔼地问他："你有什么需要我帮助的吗？"

安徒生自信地说："我想写剧本，并在皇家剧院演出。"

王子把眼前这个有着小丑般大鼻子和一双忧郁眼神的笨拙男孩从头到脚看了一遍，对他说："背诵剧本是一回事，写剧本又是另外一回事，我劝你还是去学一项有用的手艺吧！"

但是怀揣梦想的安徒生回家后并没有去学糊口的手艺，却打破了他的存钱罐，向妈妈道别，到哥本哈根去追寻他的梦想。

14 岁的安徒生在哥本哈根流浪，敲过当地所有贵族家的门，都没有人理会，但他从未想到过退却。他就这样一直坚持写作史诗、爱情小说，仍未能引起人们的注意，他虽然伤心，但仍然坚持写了下去。

经过 8 年奋斗，他终于在诗剧《阿尔芙索尔》的剧作中展露才华。因此被皇家艺术剧院送进斯拉格尔塞文法学校和赫尔辛欧学院免

安徒生（1805—1875）是丹麦19世纪著名童话作家，世界文学童话创始人。他生于欧登塞城一个贫苦鞋匠家庭，早年在慈善学校读过书，当过学徒工。受父亲和民间口头文学影响，他自幼酷爱文学。

安徒生的文学生涯始于1822年，早期主要撰写诗歌和剧本。进入大学后，创作日趋成熟。曾发表游记和歌舞喜剧，出版诗集和诗剧。1833年出版长篇小说《即兴诗人》，为他赢得国际声誉，是他成人文学的代表作。

"为了争取未来的一代"，安徒生决定给孩子写童话，出版了《讲给孩子们听的故事》。此后数年，每年圣诞节都出版一本这样的童话集。其后又不断发表新作，直到1872年因患癌症而逐渐搁笔。近40年间，安徒生共写了168篇童话。

安徒生童话具有非常独特的艺术风格：即诗意的美和喜剧性的幽默。前者为主导风格，多体现在歌颂性的童话中，后者多体现在讽刺性的童话中。

本文主人公

费就读。1825 年，安徒生随意写的几篇童话故事，出人意料地引起了儿童的争相阅读，许多读者渴望他的新作品发表，这一年，他 30 岁。

他的第一部童话集是《讲给孩子们听的故事》，包括《打火匣》、《小克劳斯和大克劳斯》、《豌豆上的公主》和《小意达的花儿》，于 1835 年春出版。1837 年，在这个集子的基础上增加了两个故事，编成童话集第 1 卷。第 2 卷于 1842 年完成，1847 年又写了一部《没有画的画册》。

1840—1857 年，安徒生访问了挪威、瑞典、德国、法国、意大利、西班牙、葡萄牙、希腊、小亚细亚和非洲，在旅途中写了不少游记，如：《一个诗人的市场》（1842）、《瑞典风光》（1851）、《西班牙纪行》（1863）、《访问葡萄牙》（1866）等。他在德、法等国会见了许多知名的作家和艺术家。1847 年在英国结识了狄更斯，并且和他成为好朋友。

1843 年，安徒生认识了瑞典女歌唱家燕妮·林德。真挚的情谊成了他创作中的鼓舞力量，但他在个人生活上却并不如意，终生未婚。他晚年最亲密的朋友是亨里克和梅尔彻。

1875 年 8 月 4 日，安徒生在哥本哈根梅尔彻的宅邸去世。这位童话大师一生坚持不懈地进行创作，把他的天才和生命全都献给了“未来的一代”，直到去世前三年，共写了 168 篇童话故事。他的作品被译成了 80 多种语言。

时至今日，《皇帝的新装》、《丑小鸭》、《卖火柴的小女孩》等许多安徒生所写的童话故事，陪伴了世界上许多儿童健康地成长。

不要因为暂时的失败而放弃

没有人能一步登天，失败只是暂时的。不要因为暂时的失败而半途而废，尤其是在快要成功的时候，只要再坚持一下，就会拥抱成功。

一位住在拖车房屋中的烫衣工人，周薪只有60美元。他的妻子上夜班。虽然夫妻俩都工作，但赚到的钱也只能勉强糊口。因为他们的孩子耳朵发炎了，于是连电话也拆掉，省下钱去买抗生素治病。

这位工人希望成为作家，夜间和周末都在不停地写作，打字机的噼啪声不绝于耳。他把所剩余的钱全部用来付邮费、寄原稿给出版商和经纪人。

不久，他的作品全被退了回来。退稿信很简短，非常公式化，他甚至不敢确定出版商和经纪人究竟有没有看过它们。

一天，他读到一部小说，令他记起了自己的某个作品，他把作品的原稿寄给那部小说的出版商，出版商把原稿交给了皮尔·汤姆森。

几个星期后，他收到汤姆森的一封热诚亲切的回信，说原稿的瑕疵太多。不过汤姆森的确相信他有成为作家的潜能，并且鼓励他再试试看。

在此后的18个月里，他又给编辑寄去两份原稿，但都被退了回来。他开始尝试写第四部小说，不过由于生活所迫，经济上左支右绌，他开始放弃希望。

一天夜里，他焦躁地把原稿扔进垃圾筒。第二天，妻子把它捡了回来。“你不应该放弃，”她告诉他，“特别是在你快要成功的时候。”

他瞪着那些稿纸发愣，也许他已不再相信自己，但他妻子却相信他一定会成功，一位他从未谋面的纽约编辑也相信他会成功。因此每天他都写1500字。

写完之后，他把小说寄给了汤姆森，他以为这次一定又会失败，可是他错了。汤姆森的出版公司预付了2500美元给他，经典恐怖小说《嘉莉》于是诞生了。这本小说后来销量500万册，并被拍摄成电影，成为1976年最卖座的电影之一。这位坚持不懈的作家就是史蒂芬·金。

史蒂芬·金是当今世界上读者最多、名声最大的美国小说家，被《纽约时报》誉为“现代恐怖小说大师”。自20世纪八九十年代以来，历年的美国畅销书排行榜，他的小说总是名列榜首，久居不下。每一部作品都成为好莱坞制片商的抢手货，版税均逾千万美金。

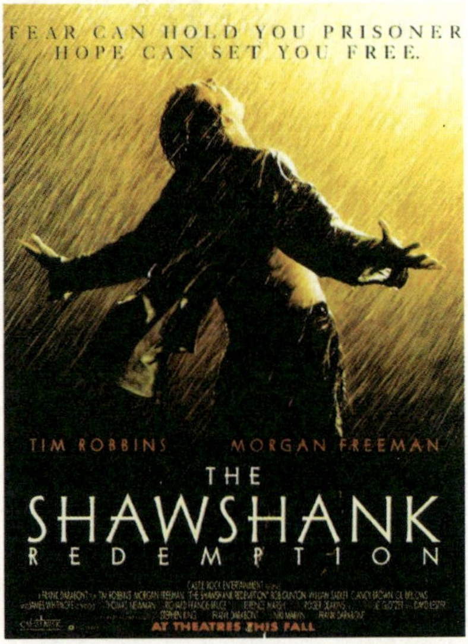

《肖申克的救赎》是史蒂芬·金最为人们津津乐道的杰出代表作。

美国全国图书基金会于2003年11月19日授予史蒂芬·金美国文学杰出贡献奖章。颁奖机构指出，史蒂芬·金的作品继承了美国文学注重情节和气氛的伟大传统，体现出了人类灵魂深处种种美丽的和丑恶的道德真相。史蒂芬·金的创作成就和他从读者那里所得到的普遍的接受喜爱，这是比任何奖章都要珍贵的奖赏。

提起美国恐怖小说作家史蒂芬·金的大名，美国人几乎没有谁不知道。多年来，他的许多作品都一直在各大畅销书排行榜上名列前茅。

史蒂芬·金1947年出生于美国东北部新英格兰地区缅因州的波特兰市。据说当史蒂芬·金还在襁褓之中时，他的父亲有一天出门去买香烟，从此就一去不复返。这一经历促使小史蒂芬·金在7岁的时候就写出了他的第一个短篇小说。史蒂芬·金后来在家里发现父亲留下的大批恐怖小说，如获至宝，从此对恐怖小说着了迷。1973年春天，史蒂芬·金的个人生活和创作生活都出现了转机。那年，他的第一部长篇小说《嘉莉》出版，从此声名鹊起。

在恐怖小说作家中，史蒂芬·金是当之无愧的大师。从1973年开始，史蒂芬·金出版了五十多部小说，几乎部部都是畅销书。其中多部还被拍成电影，如《嘉莉》、《闪灵》、《火种》、《肖申克的救赎》以及近几年有名的《绿色奇迹》等。

本文主人公

美好生活 美丽心情

当你感到沮丧无望时，想想这些人（二）

- 1959 年，环球影业公司行政主管，在同一次会议上，他对毕雷诺斯说："你没有天分。"对克林特·伊斯特伍德说："你的牙齿有缺口，你的喉结太凸出，而且你说话太慢了。"如你所知，毕雷诺斯及克林特·伊斯特伍德后来都成为电影界的大明星。
- 1944 年，爱默林·史奈利——蓝书模特儿经纪公司的董事，对满怀希望想从事模特儿工作的诺玛·珍·贝克（玛莉莲·梦露）说："你最好改做秘书工作或干脆结婚算了。"
- 迈克·福布斯，世界上最成功的商业发行刊物之一——《福布斯》杂志的总编辑，然而他在普林斯顿大学读书时，却与学校报刊的编辑成员无缘。
- 当亚历山大·格雷厄姆·贝尔在 1876 年发明电话时，潜在支持者的电话挂也挂不完。展示后，当时的总统说："的确是令人惊奇不已的发明，但是，会有谁想使用呢?"
- 托马斯·爱迪生试验了超过 2000 次以上才发明灯泡时，有一位年轻记者问他失败了这么多次的感想，他说："我从未失败过一次。我发明了灯泡，而那整个发明过程刚好有 2000 个步骤。"
- 由于多年来持续丧失听力，德国作曲家贝多芬在 46 岁时完全成为聋子。不过，他却在晚年谱写了他作品中最好的乐章，其中包括 5 首交响乐。
- 富兰克林·罗斯福在 39 岁时瘫痪，然而，接着他却成为美国最受爱戴以及最具影响力的领袖。他曾经 4 次当选美国总统。
- 如果没有毅力，道格拉斯·麦克阿瑟将军可能无法获得名誉及权力。当他申请进入西点军校时，被拒绝了，而且不止一次，是两次。但是他仍然试了第三次，终于顺利进入，从此大步跨进史册中。
- 1952 年，艾德蒙·希拉里想要攀登人类所知的世界最高峰——珠穆朗玛峰。在失败后数周，他被邀请到英国一个团体演讲。希拉里走到讲台边，握拳指着山峰照片并大声说："珠穆朗玛峰！你第一次打败我，但是我将在下一次打败你，因为你不可能再变高了，而我却仍在成长中!"在仅仅一年以后，艾德蒙·希拉里成功地成为第一位攀登珠穆朗玛峰的人。

美好生活 美丽心情

当你感到沮丧无望时，想想这些人（三）

- 年轻的伊内蒂·比萨从按摩学校毕业后，想在加利福尼亚美丽的蒙特雷地区见习接诊。当地的按摩机构告知他该地按摩师为数众多，但却没有那么多的病人。于是在4个月中，比萨每天用10小时挨家挨户地毛遂自荐，上门服务。他总共敲响了12500扇门，和6500个人聊天并邀请他们到他未来的诊所就医。作为对他的毅力和诚挚的回报，在接诊的第一个月，他就医治了233名病人，并创下了当月收入72000美元的纪录。
- 开张的第一年，可口可乐公司仅售出了400瓶可口可乐。
- 超级球星迈克尔·乔丹曾被所在的中学篮球队除名。
- 瓦尼·格林斯基17岁时是一名出色的运动员。他想从事足球或冰球而出人头地。他最初爱好冰球，但是当他努力训练时，被告知体重不够。172磅是标准体重，而他只约有120磅。
- 赛拉·霍兹沃斯10岁时双目失明，但她却成为世界上著名的登山运动员。1981年她登上了瑞纳雪峰。
- 瑞弗·约翰逊，十项全能的冠军，有一只脚先天畸形。
- 理查德·贝奇只上了一年大学，之后接受喷气式战斗机飞行员的培训。20个月后他羽翼初丰，却辞了职。后来他在一个航空杂志社任编辑，旋即破产。失败接踵而至。当他写出《美国佬生活中的海鸥》一书时，他仍然觉得前途未卜。书稿搁置8年之久——其间被18家出版社拒之门外。然而出版之后即被译成多国文字，销量达700万册。理查德·贝奇也因此成为享有世界声誉的作家。
- 作家威廉姆斯·肯尼迪曾著述多部书稿，但均遭出版商冷遇，直至他的《铁人》一书一举成名。然而，该书也曾被13家出版社拒之门外。
- 《心灵鸡汤》在海尔斯传播公司出版之前也曾遭33家出版社的拒绝。全纽约主要的出版商都说：“书确实好得很。”“但没有人爱读这么短的小故事。”然而现在《心灵鸡汤》系列在世界范围内售出了1700万册，并被译成20种文字。

成功是一步步走出来的

我们应该明确，所有的成功并非是在人们的头脑中计算出来的，而是一步步走出来的。行动，行动！要行动！

法国机械工程师吉拉德一直梦想着造出世界第一辆真正意义上的汽车，他穷其一生追求着这个理想。

在他之前，法国陆军工程师居纽奉陆军大臣舒瓦瑟公爵的命令，于1771年制造出第一辆用蒸汽机作为动力的车，被称为“大板车”，用以运送军火。这辆车以粗木做车架，装有3个车轮，前轮既是驱动轮，又是转向轮，司机可通过一个双把曲柄控制方向。“大板车”因锅炉太大，比较笨重，难以操纵，在试车时就撞倒了一堵墙。

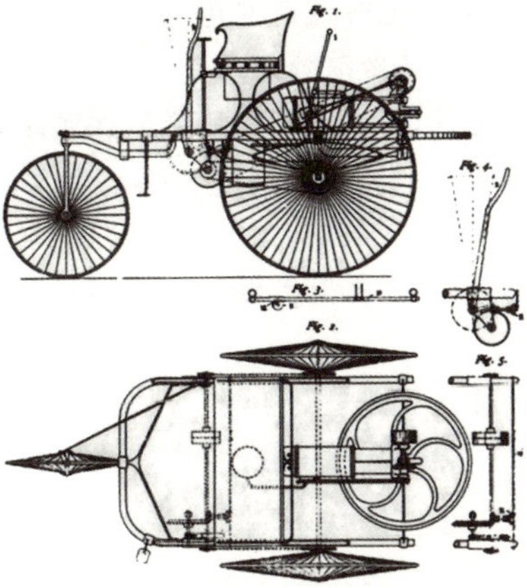

卡尔·本茨制造的第一辆汽车设计图纸

卡尔·本茨在慕尼黑的贸易展览会上

1801年，英国人特里维西克也造了一辆蒸汽动力车，但是，这辆同样笨重的蒸汽动力车，在特里维西克开着它去吃饭时，放在一家小饭店门前的棚子里，最后因锅炉烧干引起火灾，不但烧毁了一座房子，那辆车也彻底报废了。

吉拉德从这些前人造车失败的经历中总结出了教训，他认为他们之所以失败都是因为没有理论，只会蛮干的结果。此后数十年，吉拉德精心研究关于机动车制造的理念，其研究细致到鉴定哪种材料造车最为合适。为此，仅仅是图纸他就画了上万张。

吉拉德为实现造出世界第一辆汽车的梦想，孜孜不倦地研究着，但是，就在他这无休止的推敲中，1886年1月29日，德国人卡尔·本茨，一个火车司机的儿子，用高压电火花为发动机点火。采用汽化器，使用液体燃料，用前轮控制方向，造出了现代意义上的第一辆汽车并取得了专利。不久，本茨车（奔驰车）投入批量生产，从此，人们将1886年1月29日视为汽车诞生日。

吉拉德到死也没能实现他的梦想，他的梦想仅限于一堆图纸。吉拉德直到去世前才醒悟过来，他在日记中写道：“世界上没有被计算到最完美、最精确的事物，上帝也从来没有把万无一失，一切到位的福分赐予人类，你总要去实践，总要在差不多的时候，赶紧迈步前行，否则只会在自己的圈圈里打转。”

1886年1月29日是汽车诞生的日子，这一天，由卡尔·本茨设计和制造的世界上第一辆能实际应用的三轮内燃机发动的汽车获得了专利证书。

卡尔·本茨是现代汽车工业的先驱者之一，人称“汽车之父”。

1844年，本茨以遗腹子的身份出生于德国，父亲原是一位火车司机，但在本茨出世前的1843年因发生事故去世了。从中学时期开始，本茨就对自然科学产生了浓厚的兴趣，1860年进入卡尔斯鲁厄综合科技学校学习。在这所学校里，他较为系统地学习了机械构造、机械原理、发动机制造、机械制造经济核算等课程，为他日后的发展打下了良好基础。在经历过学徒工、服兵役、娶妻生子等人生经历后，他于1872年组建了“奔驰铁器铸造公司和机械工厂”，专门生产建筑材料。由于当时建筑业不景气，本茨工厂经营困难，面临倒闭危险，万般无奈之际，他决定制造发动机获取高额利润以摆脱困境。于是，他领来了生产奥托四冲程煤气发动机的营业执照。经过一年多的设计与试制，于1879年12月31日制造出第一台单缸煤气发动机。不过，这台发动机并没有使本茨摆脱经济困境，他依然面临着破产的危险，生活十分艰苦。但是，清贫的生活并没有改变本茨投身发动机研究的决心。经过多年努力，他终于研制成单缸汽油发动机，并将其安装在自己设计的三轮车架上。1886年1月29日取得了世界上第一个“汽车制造专利权”。

本文主人公

成功需要梦想，梦想需要坚持

成功需要梦想，梦想需要坚持，这是一条最原始也是最简单的真理。

1819年，在穿越得克萨斯州的火车上，一个瘦高个子，大约13岁的男孩，正在卖报纸和雪茄烟。当旅客们谈论有关投资方面的事情时，这个年轻人总会全神贯注地听着。

这个卖报的孩子叫做威廉，他希望成为一个预测未来的交易商。过往的人纷纷嘲笑他："祝你好运，没有人能预测未来。"

为了这个梦想，长大后的威廉整天躲在狭小的地下室里，将数百万根的K线一根根地画到纸上，贴到墙上，接下来便对着这些K线静静地思索，有时他甚至能面对着一张K线图发几小时的呆。

后来他干脆把美国证券市场有史以来的记录搜集到一起，在那些杂乱无章的数据中寻找着规律性的东西。由于没有客户，挣不到薪金，很多时候他不得不靠朋友的接济勉强度日。

6年后，他发现了有关证券市场发展趋势的最重要的预测方法，他把这一方法命名为"控制时间因素"。他在金融投资生涯中赚取了5亿美元，成为华尔街上靠研究理论而白手起家的神话人物。

他叫威廉·江恩，世界证券行业尽人皆知的最重要的"波浪理论"的创始人。

威廉·江恩是20世纪最著名的投资家之一。他在股票和期货市场上的骄人成绩至今无人可比，他所创造的把时间与价格完美结合起来的理论，至今仍为投资界人士所津津乐道。

1878年，江恩出生于美国得克萨斯州的路芙根市，父母是爱尔兰裔移民。1902年，江恩在24岁时，第一次入市买卖棉花期货。在1908年，江恩30岁时，他移居纽约，成立了自己的经纪业务公司。同年8月8日，发展了他最重要的市场趋势预测方法，名为"控制时间因素"。经过多次准确预测后，江恩终于声名大噪。

江恩相信股票、期货市场里也存在着宇宙中的自然规则，市场的价格运行趋势不是杂乱的，而是可通过数学方法预测的。江恩的数学方程并不复杂，实质就是价格运动必然遵守支持线和阻力线，也就是——江恩线。

1954年，江恩被发现患有胃癌，于1955年6月14日去世，享年77岁。

本文主人公

成功者背后的秘密

想让自己也能站上成功的峰顶，学习别人的智慧是必要的，但不要只是学到了虚浮的表面，而是应该深入去分析了解其成功背后的因素，将之转变为自我经验并有效运用。

哥伦布发现新大陆后，受到许多人的景仰。在一次宴会上，有个骄傲的贵族认为发现新大陆并没有什么了不起，无论谁都可以轻易办到。

哥伦布没有反驳，只是让侍者拿来一个鸡蛋说：“各位，有谁能够把这个鸡蛋竖立在桌子上？”大家用尽各种办法，但都无法成功。

哥伦布伸手拿起鸡蛋，把一端轻轻敲破了一点，轻易地就立起了鸡蛋。

那些骄傲的贵族说：“你把鸡蛋敲破了，这怎么能算呢？”

哥伦布说：“我刚才并没有说不能敲破鸡蛋啊！”

贵族说：“这样的话，那也太容易了。”

哥伦布说：“是的，世界上的很多事都是非常容易的，只不过那是在别人做过之后。”

哥伦布（约1451—1506），意大利航海家。生于意大利热那亚，卒于西班牙巴利亚多利德。一生从事航海活动，先后移居葡萄牙和西班牙。在西班牙国王支持下，曾先后4次出海远航。开辟了横渡大西洋到美洲的航路，先后到达巴哈马群岛、古巴、海地、多米尼加等地。在帕里亚湾南岸首次登上美洲大陆。认识了巴拿马地峡；发现和利用了大西洋低纬度吹东风、较高纬度吹西风的风向变化。证明了大地球形说的正确性。促进了旧大陆与新大陆的联系。他误认为到达的新大陆是印度，并称当地人为印第安人。

哥伦布的远航是大航海时代的开端。新航路的开辟，改变了世界历史的进程。它使海外贸易的路线由地中海转移到大西洋沿岸。从那以后，西方开始以不可阻挡之势崛起于世界，并在之后的几个世纪中，成就海上霸业。

本文主人公

梅花香自苦寒来

有志者事竟成，破釜沉舟，百二秦关终属楚；
苦心人天不负，卧薪尝胆，三千越甲可吞吴。
在失败时要能够坚持下来，不断地努力，直到成功的那一天。

越王勾践为了不忘记自己所受的耻辱，激励自己的斗志，以图将来报仇雪恨，回国后卧薪尝胆，最终东山再起，一举灭吴，成为春秋时期最后一位霸主。由此可见，生活不可能给予你一帆风顺，所有的失败，所有的挫折，都要学会去勇敢面对。即使失败了，也要站起来，才能有成功的机会。

公元前 497 年，春秋时期越国的君主允常死去,第二年他的儿子勾践继承了王位。

吴王阖闾趁越国刚刚遭到丧事，就发兵攻打越国。吴王满以为可以战胜越国，可没想到吃了个败仗，而且自己还中箭受了重伤，再加上年岁已高，回国后不久，就死去了。吴王阖闾死后，儿子夫差即位。

越王勾践(约公元前 520 年—公元前 465 年)，姒姓，本名鸠浅，古时候越国与中原各国语言不同，音译为勾践。勾践又名菼执，夏禹后裔，越王允常之子，春秋末年越国国君 。

公元前 496 年，越王勾践即位，同年，在槜李大败吴师。越王勾践三年(公元前 494 年)，被吴军败于夫椒，被迫向吴求和。三年后被释放回越国，返国后重用范蠡、文种，?卧薪尝胆使越国国力渐渐恢复起来。越王勾践十五年(公元前 482 年)，吴王夫差兴兵参加黄池之会，以彰显武力率精锐而出。越王勾践抓住机会率兵而起，大败吴师。越王勾践十九年(公元前 478 年)，勾践再度率军攻打吴国，在笠泽之战三战三捷大败吴军主力。越王勾践二十四年(公元前 473 年)，破吴都，迫使夫差自尽，灭吴称霸，以兵渡淮，会齐、宋、晋、鲁等诸侯于徐州(今山东滕州南)，迁都琅琊，成为春秋时期最后一位霸主。

越王勾践

古人把青铜称之为吉金，认为青铜和金银材质一样，非常尊贵，并且象征吉祥。

勾践剑原物上面有 11 道同心圆，每道之间仅隔 0.2 厘米，足见其做工之精细。

剑身铭纹有八个字“越王勾践，自作用剑”。

本文主人公

阖闾临死时对夫差说:" 不要忘记报越国的仇。" 夫差记住这个嘱咐，叫人经常提醒他。他经过宫门，手下的人就扯开了嗓子喊:" 夫差! 你忘了越王勾践杀你父亲的仇吗?" 夫差流着眼泪说:" 没有忘记，怎敢忘记呢!"

夫差安排伍子胥和伯嚭 (pǐ) 操练兵马，准备攻打越国。越王勾践三年 (前 494 年)，吴王夫差亲自率领大军去打越国。越国的大夫范蠡对勾践说:" 吴国练兵快三年了。这回决心报仇，来势凶猛。咱们不如守住城，不要跟他们作战。"

勾践不听，认为越国还是很强大，于是发动大军迎战吴国。结果越国大败。越王勾践带上五千多残兵败将退守到会稽，又被吴军围困起来。勾践跟范蠡说:" 懊悔当初没有听你的话，弄到这步田地。现在该怎么办?"

范蠡说:" 咱们赶快去求和吧。" 勾践派文种到吴王哪里去求和。文种在夫差面前说：“勾践愿意投降，并入吴国为臣。” 吴王夫差表示同意，但伍子胥却坚决反对。

文种打听到吴国的伯嚭是个贪财好色的小人，就把一批美女和珍宝，私下送给伯嚭，请求伯嚭在夫差面前给讲点好话，劝说夫差放弃继续攻打吴国。于是吴王夫差答应了越国的求和，但要求勾践亲自到吴国去做人质。

文种回去向勾践报告了。勾践就把国家大事托付给文种，自己带着夫人和范蠡到吴国去。勾践到了吴国，夫差让他们夫妇俩住在阖闾的大坟旁边一间石屋里，叫勾践给他喂马。范蠡跟着做奴仆的工作。夫差每次坐车出去，勾践就给他拉马，这样过了两年，夫差认为勾践真心归顺了吴国，就放勾践回去了。

勾践回到越国后，立志报仇雪耻。他担心因为眼前的安逸而消磨了斗志，在饭桌旁挂上一个苦胆，每逢吃饭的时候，就先尝一尝苦味，提醒自己不要忘了会稽的耻辱。他还把床上的席子撤去，用柴草当作褥子。

勾践亲自参加耕种，派他的夫人自己织布，鼓励生产，决心要使越国富强起来。因为亡国的缘故，越国人口大大减少，于是国家就奖励生育。文种认真地管理国家大事，范蠡刻苦训练人马，勾践虚心听从别人的意见，救济贫苦的百姓，越国家逐渐成为了强国。最后越王打败夫差，灭掉了吴国。

翻开人生另一面

大卫·奥格威的人生对我们不无启示：人生本身就是一个矛盾体，有着互相对立的两面，如果你人生的一面是失败和沮丧，你完全不必懊恼，因为你还有人生的另一面，翻开人生的另一面，翻开的也许就是成功和希望。

以下记录的是一个人人生的两面。他的一面是：

1. 他天生哮喘，夜里总是辗转难眠，白天又异常疲惫，这个病症一直折磨着他。他对很多东西都有恐惧症，比如大海。

2. 他曾恳求父亲带他去钓鱼，父亲说："你没有耐心，带你去你会把我弄疯的。"也由于没有耐心，他成了牛津大学的肄业生。

3. 他总觉得自己的智商比天才低一点，结果一测试，只有96，只是挖沟工人的正常智商。

而他的另一面是：

1. 他一生都在冒险，大学没读完就跑到巴黎当厨师，继而又卖厨具，到美国好莱坞做调查员，随后又做了农民和广告大师。

2. 他最信奉的一句话就是："只要比竞争对手活得长，你就赢了。"他活了88岁。

3. 他依靠6000美元，建立起全球最大的广告公司之一，年营业额达数十亿美元。他说："永远不要把财富和头脑混为一谈，一个人赚很多钱和他的头脑没有多大关系。"

从以上的描述不难发现，此人人生的两面是互相对立的，是一个矛盾体，但这确实又是同一个人，他就是世界著名广告公司——奥美广告公司的创始人大卫·奥格威。

大卫·奥格威曾被人称为"广告怪杰"，现在他已成为举世闻名的"广告教父"，其创办的奥美广告公司今天已成为世界上最大的广告公司之一。

奥格威1911年6月23日生于英国西霍斯利的一个苏格兰名门望族。1933年他在英国的阿加厨具公司当推销员，挨门挨户兜售厨房用具。1935年他为公司的同事们编撰了一本讲授销售技巧的小册子，很多年后，这本销售指南被美国《财富》杂志称为"商业史上最好的销售教科书"。正是这次经验，激起了他对广告的兴趣。

1975年，64岁的奥格威不再担任集团总裁，转而专心负责公司在世界各地承揽的广告创意。1983年他放弃在奥美市场服务公司的一切职务，在法国的一座中世纪的城堡里过起隐居生活。

本文主人公

给对方一个痛哭的机会

世界上有许多聪明的人，会说许多聪明的话，但是，聪明的话说出来不一定贴切，不一定说得让人欣慰，不一定说得让人心存感激。其实这样的话都是些非常简单的话，可惜简单的话并不是人人懂得该怎么说。

英国一个著名的芭蕾舞童星埃利，只有12岁，不幸由于骨癌准备截肢。手术前，埃利的亲朋好友，包括她的观众闻讯赶来探望。这个说：“别难过，没准儿会出现奇迹，还有机会慢慢站起来呢。”那个说：“你是个坚强的孩子，一定要挺住，我们都在为你祈祷！”埃利一言不发，默默地向所有人微笑致谢。

她很想见到戴安娜王妃，她优美的舞姿曾得到戴安娜王妃的赞美，夸她像“一只洁白的小天鹅”。经过别人转达她的愿望，戴安娜王妃终于在百忙中赶来了。

本文主人公：戴安娜王妃

她把埃利搂进怀里说：“好孩子，我知道你一定很伤心，痛痛快快地哭吧，哭够了再说。”

埃利一下子泪如泉涌。自从得了病，什么安慰的话都有人说了，就是没有人说过这样的话，埃利觉得最能体贴理解她的就是这样的话！

戴安娜在人们心中永远那么善良温柔，无人能够替代。

爱和失败

如果乔布斯没有被“苹果”解雇，一切都不会发生。有时生活用砖敲打你的头，但是不要失去信心。你深爱着你所做的事情是使你不断前进的唯一理由。你必须找到你所爱，你的工作将填满你生命中的一大部分时间，唯一令你真正感到满足的方法是从事你认为伟大的事业。如果你还没有找到，请继续寻找，竭尽全力，你知道你一定会找到。请保持找寻的状态，在你找到之前，不要停下来，它只会随着时间越来越好。

有一个年轻的未婚妈妈，她准备把自己的孩子送给一位律师收养。在孩子出生后，律师夫妻后悔了，他们觉得真正需要的是一个女孩。于是，这对夫妇在深夜给一户普通人家打了一个电话：“我们意外得到一个男孩，你们想收留他吗?”他们回答说：“当然!”

17 年后，这个男孩上了大学，他天真地选择了一所学费几乎和斯坦福一样昂贵的大学。工薪阶层的父母把所有的储蓄用于他的大学学费。6 个月之后，他看不到学费的价值所在。他不知道自己将来想要做什么，也不知道上大学对他有什么帮助，所以他做了一个决定：退学。他没有宿舍，只能睡在朋友房间的地板上。他以 5 美分的价钱回收可乐瓶换钱吃饭。为了一周能吃上一顿好饭，他每周日晚步行 11 千米穿过城镇到克利须那神庙。

他退学后不需要按课程表上课，所以他去学习了书法，认识了 Serif 和 Sanserif 字体，学习变更不同字母组合之间的字间距，明白了活版印刷的伟大之处。10 年后，当他设计出第一台 Macintosh 电脑时，他想起了当时学过的东西并将其运用在 Mac 的设计中。这是第一台能优美排印的电脑。他就是苹果电脑的创始人——斯蒂夫·乔布斯。

乔布斯 20 岁的时候，和他的朋友在他父母的车库里建立了苹果公司。他们努力地工作，10 年间，“苹果”迅速成为一个拥有超过 4000 名员工、20 亿美元资产的公司。在他而立之年的时候，推出了他们“苹果”最棒的产品——Macintosh。然后，他被解雇了。

因为在公司的创立过程中，他聘用了一个很有才能，可以和他一同管理公司的人。在大概一年的时间里，一切都很顺利。但是后来，他们在公司的发展前景这一问题上出现了分歧，而且吵翻了。董事会的成员都站在了那一边，所以乔布斯 30 岁的时候，被公司炒了鱿鱼。

如今，那个被咬了一口的苹果已经成为年轻人们狂热追捧的对象。

在此后的几个月中，乔布斯感到自己令业界的前辈失望了。他见到了创办惠普的大卫·帕卡德和创办英特尔的鲍博·诺伊西，并向他们道歉，说自己把事情弄得一团糟，是一个世人皆知的失败者，他甚至想到从硅谷逃跑。但是有一样东西始终支撑着乔布斯：他仍深爱着自己的事业。即使被“苹果”开除，他依旧没有改变这个想法。所以他决定重新开始。

在接下来的5年中，乔布斯分别创建了名为Next和Pixar的两家公司，并和一位后来成为他妻子的可爱女人坠入爱河。Pixar公司制作了世界上第一部以电脑绘制为特色的电影——《玩具总动员》，现在它已经成为了世界上最成功的动画制作公司。“苹果”收购了Next公司，乔布斯重回“苹果”，这是乔布斯在Next公司开发的技术成为“苹果”得以复兴的关键。

1955年2月24日，斯蒂夫·乔布斯出生在美国旧金山，刚刚出世，就被作为大学教授的父亲与作为颓废派艺术家的母亲无情地遗弃了。幸运的是，一对好心的夫妻收留了这位可怜的私生子。

当时，乔布斯就生活在著名的“硅谷”附近，邻居都是“硅谷”元老——惠普公司的职员，在这些人的影响下，乔布斯从小就很迷恋电子学。一个惠普的工程师看他如此痴迷，就推荐他参加惠普公司的“发现者俱乐部”。就在一次聚会中，乔布斯第一次见到了电脑，他开始对计算机有了一个朦胧的认识。在上初中时，乔布斯在一次同学聚会上，与比他年长5岁的沃兹见面。沃兹是学校电子俱乐部的会长，对电子也有很大的兴趣。两个人一见如故，8年后他们创办了苹果电脑公司。

他是一个美国式的英雄，几经起伏，但依然屹立不倒，就像海明威在《老人与海》中所写的：一个人可以被毁灭，但不能被打倒。他创造了“苹果”，掀起了个人电脑的风潮，改变了一个时代，但却在最顶峰的时候被封杀，从高楼落到谷底，但是12年后，他又卷土重来，重新开始第二个“斯蒂夫·乔布斯”时代。

本文主人公

给自己树一面信念的旗帜

给自己树一面信念的旗帜，你的人生就有了奋斗的动力和生命的活力！

罗杰·罗尔斯是美国纽约州历史上第一位黑人州长，他出生在纽约声名狼藉的大沙头贫民窟。这里环境肮脏，充满暴力，是偷渡者和流浪汉的聚集地，在这里出生的孩子，耳濡目染，从小逃学、打架、偷窃甚至吸毒，长大后很少有人从事体面的职业。然而，罗杰·罗尔斯是个例外，他不仅考入了大学，而且成为了州长。

在就职的记者招待会上，一位记者对他提问：是什么把你推上州长宝座的？面对300多名记者，罗尔斯对自己的奋斗史只字未提，只谈到了他上小学时的校长——皮尔·保罗。

1961年，皮尔·保罗被聘为诺必塔小学的董事兼校长，当时正值美国嬉皮士时代，他走进这所小学的时候，发现这里的穷孩子无所事事，他们不与老师合作，旷课、斗殴甚至砸烂教室的黑板。皮尔·保罗想了很多办法来引导他们，可是没有一个是奏效的。后来，他发现这些孩子很迷信，于是，在他上课的时候就多了一项给孩子看手相的内容。他用这个办法来鼓励学生。当罗尔斯从高台跳下，伸着小手走向讲台时，皮尔·保罗说："我一看你修长的小拇指就知道，将来你是纽约州的州长。"当时，罗尔斯大吃一惊，因为长这么大只有他奶奶让他振奋过一次，说他上小学时可以成为班长。这一次，皮尔·保罗竟然说他可以成为纽约州的州长。他记下了这句话，并且相信了他。

从那天开始，"纽约州州长"就像一面旗帜，时时激励他发奋向上。罗尔斯的衣服不再粘满泥土，说话时也不再夹杂污言秽语，他开始挺起腰杆走路。在以后的40多年间，没有一天不按州长的身份来要求自己。51岁那年，他终于成为了纽约州的州长。

假如真的希望飞翔

信念是一支火把，它可以燃起一个人的激情和潜能，让他飞入梦想的天空。有时我们也会说："我想……"但是，我们只是"说"而没有"想"，如果真的"想"，还一定会付诸行动——而且一直朝着"想"的方向进发。

100多年前，一位穷苦的牧羊人带着两个幼小的儿子替别人放羊。

有一天，他们赶着羊来到一座山坡上，一群大雁鸣叫着从天空飞过，很快消失在远方。

牧羊人的小儿子忙问父亲："大雁要往哪里飞？"

牧羊人说："它们要去一个温暖的地方，在那里度过寒冷的冬天。"

大儿子眨着眼睛羡慕地说："要是我们也能像大雁那样飞起来就好了。"

小儿子也说："要是能当一只会飞的大雁多好啊！"

牧羊人沉默了一会儿，然后对儿子说："只要你们想，你们也能飞起来。"

两个儿子试了试，都没能飞起来，他们用怀疑的眼神看着父亲。

牧羊人说："让我飞给你们看。"于是他张开双臂，学着大雁的样子，但最终也没能飞起来。可是，牧羊人肯定地说："我因为年纪大了才飞不起来，而你们还太小，只要不断努力，将来就一定能飞

美国的莱特兄弟是人类历史上第一架动力飞机的设计师，他们为现代航空事业做出了不朽的贡献。他们的故事在全世界广为传颂。

哥哥威尔伯·莱特出生于1867年4月，4年后，弟弟奥维尔·莱特出世。年幼时，这兄弟俩就已经显出对机械设计、维修的特殊能力。

一天，出门回来的父亲给莱特兄弟带来一件礼物：一个会飞的玩具蝴蝶。父亲给玩具上了上发条，小东西便在空中飞舞起来。小兄弟俩高兴得不得了，但他们觉得它飞得不够远，于是仿造玩具的样子又做了几个更大的。这些仿制品有的能够飞越树梢，有的只飞了几十米远，但兄弟俩的一个尺寸很大的仿制品却遭到了失败。但这没有让他们难过，反而激起了兄弟俩制造飞机的念头。

1909年11月，兄弟俩在代顿镇创立了莱特飞机公司，他们孜孜不倦地埋头研究，一架架性能更为优异的飞机出厂。

本文主人公

起来，到那时，你们就可以去任何想去的地方。”

两个儿子牢牢记住了父亲的话，并一直不懈地努力着。等到他们长大——哥哥 36 岁，弟弟 32 岁时——两人果真飞起来了，因为他们发明了飞机。

这两个牧羊人的儿子，就是著名的莱特兄弟。

1900—1902 年期间，莱特兄弟除了进行 1000 多次滑翔试飞之外，还自制了 200 多个不同的机翼进行了上千次风洞试验，修正了李林塔尔的一些错误的飞行数据，设计出了具有较大升力的机翼截面形状。他们在 1903 年制造出了第一架依靠自身动力进行载人飞行的飞机“飞行者”1 号。

1903 年莱特兄弟的惊世一飞。

1903 年 12 月 14～17 日，“飞行者”1 号进行第四次试飞，地点在美国北卡罗来纳州基蒂霍克的一片沙丘上。第一次试飞由奥维尔·莱特驾驶，共飞行了 36 米，留空 12 秒。第四次由威尔伯·莱特驾驶，共飞行了 260 米，留空 59 秒。1906 年，他们的飞机在美国获得专利发明权。

他们因此于 1909 年获得美国国会荣誉奖。同年，他们创办了“莱特飞机公司”。威尔伯·莱特于 1912 年 5 月 29 日去世，年仅 45 岁。此后，奥维尔·莱特奋斗 30 年，使莱特飞机公司成为世界著名飞机制造商，资金高达上百亿美元。奥维尔·莱特于 1948 年 1 月 3 日去世。

坚持一下，再坚持一下

有些时候，也许只是少了那么一点点的坚持，成功就会与你擦肩而过。常言道：坚持就是胜利。人贵有坚持到底的毅力和勇气。请记住：坚持一下，再坚持一下，我们就能走出困境，取得成功。

老亨利是一家大公司的董事长，公司每年利润有上百万。但他年过七旬仍不愿意在家里享清福，而是每天到公司巡视。

一天，新产品开发部经理马克向老亨利汇报：“董事长，这次试验又失败了，我看就别搞了，都 23 次了。”马克皱着眉头，神情十分沮丧。

“年轻人，别着急，坐下。”老亨利指了指椅子，“有时候事情就是这样，你屡干屡败，眼看没有希望了，但再坚持一下，没准就能成功。”老亨利将一支雪茄塞进他的嘴里。

“董事长，我真没办法了，您是不是换个人。”马克的声音听上去有些沙哑。

“马克，你听我说，我让你搞，就是相信你能搞成功。来，我给你讲个故事。”老亨利吸了一口雪茄，眯着眼睛开始讲起来：

“我也是个苦孩子，从小没受过教育，但我不甘心，一直在努力，终于在我 31 岁那年，发明了一种新型节能灯，那在当时可是个不小的轰动。但我是个穷光蛋，要进一步完善还需要一大笔资金。我好不容易说服了一个私人银行家，他答应给我投资。可我这个新型节能灯一投放市场，其他灯就会没销路了，所以有人千方百计阻挠我成功。就在我要与银行家签约的时候，突然得了胆囊炎，住进了医院，大夫说必须做手术，不然有危险，那些灯厂的老板知道我得病的消息就在报纸上大造舆论，说我得的是绝症，骗取银行的钱来治病。这样一来，那位银行家也半信半疑，不准备投资了。当时我躺在病床上万分焦急，没有办法，只能铤而走险，先不做手术，仍如期与那位银行家见面。

“见面前，我让大夫给我打了镇痛药。在我的办公室见面时，我忍住疼痛，装作没事似的和银行家拍肩握手，谈笑风生。但时间一长，药劲过去了，我的肚子跟刀割一样疼，衬衣都被汗水浸透了。可我咬紧牙关，继续和银行家周旋。我当时只有一个念头：再坚持一下，成功与失败就在能否挺住这一会儿了。

“疼痛终于在我强大的意志力下低头了，自始至终，在银行家面前，我一点破绽也没露，完全取得了他的信任，最后我们终于签了约。我送他到电梯门口，脸上还带着微笑，挥手向他告别。但电梯门刚一关上，我就扑通一下倒在地上，失去了知觉。隔壁的医生早就准备好了，他们冲过来，用担架将我抬走。后来听医生说，当时我的胆囊已经积脓，相当危险！知道内情的人无不佩服我这种精神。我就是靠着这种精神一步步走到现在。”

老亨利一口气将故事讲完，他的头靠在皮椅子上，手指夹着仍在冒烟的半截雪茄，闭起了双眼，仿佛沉浸在对往日的回忆中。这时屋里静极了，只有墙上大挂钟的嘀嗒声。

马克被老亨利的故事感动了。他望着董事长那发亮的前额，眼眶里闪动着晶莹的泪花，感到万分羞愧。和董事长相比，自己这点困难算什么？从董事长身上他看到一种精神，而这精神就是创造财富的真谛！董事长不愧是这个庞大公司的主人，不愧是这间高大宽敞、摆放着高级硬木家具房屋的拥有者。

“董事长，我回去重新设计，不成功，誓不罢休！”马克挺着胸，攥着拳，脸涨得通红，说话的声音都有些颤抖了。

事实是最好的证明，试验进行到第二十五次的时候，马克终于成功了。

美好生活　美丽心情

你是个聪明的乐观主义者吗?

你是个乐观主义者还是悲观主义者？你透过亮丽或灰暗的镜子来看待人生吗？请一一回答以下的问题。

1. 如果半夜里听到有人敲门，你会以为那是坏消息或者有麻烦发生了吗?

2. 你随身带着安全别针或一条绳子，以防万一衣服或别的东西裂开吗?

3. 你跟人打过赌吗?

4. 你曾梦想过中了彩票或继承一大笔遗产吗?

5. 出门的时候，你经常带着一把雨伞吗?

6. 你把收入的大部分用来买保险吗?

7. 度假时，你曾经没预定旅馆就出门了吗?

8. 你觉得大部分的人都很诚实吗?

9. 度假时，把家门钥匙托朋友或邻居保管，你会将贵重物品事先锁起来吗?

10. 对于新的计划，你总是非常热衷吗?

11. 当朋友表示一定奉还时，你会答应借钱给他吗?

12. 大家计划去野餐或烤肉时，如果下雨，你仍会按照原定计划准备吗?

13. 在一般情况下，你信任别人吗?

14. 如果有重要的约会，你会提早出门，以防堵车、抛锚或别的状况发生吗?

15. 如果医生叫你做一次身体检查，你会怀疑自己可能有病吗?

16. 每天早晨起床时，你会期待又是美好一天的开始吗?

17. 收到意外的来函或包裹时，你会特别开心吗?

18. 你会随心所欲地花钱，等花完以后再发愁吗?

19. 上飞机前，你会买旅行保险吗?

20. 你对未来的 12 个月充满希望吗?

依下表计算你的分数：

1. 是→0 否→1
2. 是→0 否→1
3. 是→1 否→0
4. 是→1 否→0
5. 是→0 否→1
6. 是→0 否→1
7. 是→1 否→0
8. 是→1 否→0
9. 是→0 否→1
10. 是→1 否→0
11. 是→1 否→0
12. 是→0 否→1
13. 是→1 否→0
14. 是→0 否→1
15. 是→0 否→1
16. 是→1 否→0
17. 是→1 否→0
18. 是→1 否→0
19. 是→0 否→1
20. 是→1 否→0

说 明：

如果你的分数是 0 ~ 7，你是个标准的悲观主义者，看人生总是看到不好的那一面。身为悲观者，唯一的好处是，由于你从来不往好处想，所以你也就很少失望。然而，以悲观的态度面对人生，却有太多的不利。你总是担心会失败，因此宁愿不去尝试新的事物，尤其当遇到困难时，你的悲观会让你觉得人生更灰暗、更无法接受。悲观会使人产生沮丧、困惑、恐惧、气愤和挫折的心理。解决这种状况的唯一办法，是以积极的态度来面对每一件事或每一个人，即使你偶尔会感到失望，但逐渐地，你会对人生增加信心，胜过原来消极态度带给你的影响。

如果你的分数是 8 ~ 14，你对人生的态度比较正常。不过你可以更进一步，只要你学会怎样以积极乐观的态度来应付人生无法避免的起伏情况。

如果你的分数是 15 ~ 20，你是个标准的乐观主义者。你看人生总是看到好的那一面，将失望和困难摆到旁边去。乐观，使人活得更有劲，不过，要记住，有时候过分乐观，也会造成你对事情掉以轻心，结果反而误事。

双腿创造的奇迹

坚强的意志，可以创造奇迹。对于一个遭遇不幸的人，首先要战胜的就是心理的阴影，这个过程是艰难的。而这种艰难往往是人为制造的，一方面来自自身的自卑和沮丧，另一方面则来自滥施同情心或者心术不正的人们。但是不幸的人一旦战胜这一切，就会成为一个比平常人更加坚强的强者，一个超越苦难的成功者。

有一所位于偏远地区的小学校，由于设备不足，每到冬季便要利用老式的烧煤锅炉来取暖。有个男孩每天提前来到学校，将锅炉打开，好让老师和同学们一进教室就能享受到暖气。

然而，一件不幸的事情发生了，有一天老师和同学们到达学校时，发现有火苗从教室里冒出来。他们急忙将这个小男孩救出去，但他的下半身已被严重灼伤，整个人完全失去了意识，只剩下了一口气。送到医院急救后，小男孩恢复了一些知觉。他躺在病床上迷迷糊糊地听到医生对妈妈说：“这孩子的下半身被火烧得太厉害了，能活下去的希望实在很渺茫。”但这个勇敢的小男孩不愿就这样被死神带走，他下定决心要活下去。

出乎医生的意料，他熬过了最关键的一刻。但等到危险期过后，他又听到医生在跟妈妈窃窃私语：“其实保住性命对这孩子而言不一定是好事。就算活下去，下半辈子也注定是个残废。”这时小男孩心中又暗暗发誓，他一定要起身走路，但不幸的是，他的下半身毫无行动能力。两只细弱的腿垂在那里，没有任何知觉。

出院之后，他妈妈每天为他按摩双脚，不曾间断，但仍没有任何好转的迹象。即使如此，他要走路的决心也未曾动摇。有一天，妈妈推着他到院子里呼吸新鲜空气。他望着灿烂阳光照耀下的草地，心中突然有了一个想法。他奋力将身体移出轮椅，然后拖着无力的双脚在草地上匍匐前进。一步一步，他终于爬到篱笆墙边，接着他费尽全身力气，努力地扶着篱笆站了起来。抱着坚定的决心，他每天都扶着篱笆练习走路，一直走到篱笆墙边出现了一条小路为止。他心中只有一个目标：努力锻炼双脚。凭着钢铁般的意志以及每日持续的按摩，他终于能用自己的双脚站起来，然后走路，甚至能跑步了。他后来不但走路上学，还能和同学们一起享受跑步的乐趣，到了大学时，他还被选入田径队。

1936年的柏林奥运会对他来说非常重要。比赛当天天气稍寒，天空阴暗，这对他那血液循环不良的双腿来说，并不是很理想，但他已经做好准备。比赛开始，枪声响起。12位运动员往前冲，他位居中间。跑了一圈过后，他觉得被众多选手环绕不是很妥当，于是加快步伐，取得领先位置。接下来的一段距离，他一直以独特的跑姿跑在最前头，因为他不像其他人那样可以用脚的前半部着地，小时候发生的意外使得他只能以脚板着地。

当他快跑完第三圈时，瑞典的选手艾力克超过了他。当铃声响起，表示这是最后一圈时，他极力保持第二。到最后一段路时，新西兰的选手杰克·拉福拉克越过他的肩头，领先了所有的人。他紧跟着杰克，把原本在他前头的瑞典选手艾力克抛在身后。到了最后的转弯处时，所有的选手都奋不顾身地往前冲刺。全场观众也起立为他们加油。结果，那场比赛他和拉福拉克双双打破了世界纪录。那个原本被判定永远不能再走路的孩子，得到了奥运会田径比赛的一块银牌。他就是葛林·肯尼罕。

葛林·肯尼罕出生于美国西雅图，当他还在童年的时候，父母就离婚了，他由他的母亲白贝拉和他的继父艾米特养大。

他的继父在西雅图当地的一座高尔夫球俱乐部工作，葛林·肯尼罕生长在很好的环境里，他邻居的少年们都十分喜欢运动。当他读天主教学校时，有一大段的时间可以自由自在地玩美式橄榄球、篮球和棒球。读奥狄高中时，他虽然只有140磅重，仍一度专心打美式橄榄球。他说："你知道读高中时究竟是怎样的，当你读大一时，你又得专心效劳各种运动代表队了，当我这样做时，我自己都很吃惊。"

但是，有一件事倒是很重要，那就是，葛林是个有速度的人，而在体型上却很吃亏。

本文主人公

尽力而为还不够，必须竭尽全力

谁要想出类拔萃、创造奇迹，仅仅做到尽力而为还远远不够，必须竭尽全力才行。

在每一个重要的电子商展中，都少不了微软的身影，但成就这样帝国可非一日之功啊！

在美国西雅图的一所著名教堂里，有一位德高望重的牧师——戴尔·泰勒。有一天，他向教会学校一个班的学生们讲述了下面这个故事。

一年冬天，猎人带着猎狗去打猎。猎人一枪击中了一只兔子的后腿，受伤的兔子拼命地逃生，猎狗在其后穷追不舍。可是追了一阵子，兔子跑得越来越远了。猎狗知道实在是追不上了，只好悻悻地回到猎人身边。猎人气急败坏地说："你真没用，连一只受伤的兔子都追不到！"

猎狗听了很不服气地辩解道："我已经尽力而为了呀！"

再说兔子，它带着枪伤成功地逃生回了家，兄弟们都围过来惊讶地问它："那只猎狗很凶呀，你又受了伤，是怎么甩掉它的呢？"

兔子说："它是尽力而为，我是竭尽全力！它没追上我，最多挨一顿骂，而我若不竭尽全力地跑，可就没命了呀！"

泰勒牧师讲完故事之后，又郑重其事地向全班承诺：谁要是能背出《圣经·马太福音》中第五章到第七章的全部内容，他就邀请谁去西雅图的"太空针"高塔餐厅参加免费聚餐会。

几天后，班中一个 11 岁的男孩，胸有成竹地站在泰勒牧师的面前，从头到尾地按要求背诵了下来，竟然一字不漏，没出一点差错，而且到了最后，简直成了声情并茂的朗诵。

泰勒牧师比别人更清楚，就是在成年的信徒中，能背诵这些篇章的人也是罕见的，何况是一个孩子。泰勒牧师在赞叹男孩那惊人记忆力的同时，不禁好奇地问："你为什么能背下这么长的文字呢？"

这个男孩不假思索地回答道："我竭尽全力。"

这个男孩，最喜欢反复看那套《世界图书百科全书》。他经常几个小时连续地阅读这本几乎有他体重 1/3 的大书，一字一句从头到尾地看。他常常陷入沉思，冥冥之中似乎强烈地感觉到，小小的文字和巨大的书本，里面蕴藏着多么神奇的一个世界啊！文字符号竟能把前人和世界各地最有趣的事情记录下来，又传播出去。他又想，人类历史将越来越长，那么以后的百科全书不是越来越大而且更重了吗？要是能造出一个魔盒那么大，就能包罗万象地把一大本百科全书都收进去的东西，该有多方便。这个奇妙的思想火花后来竟让他实现了，而且比香烟盒还要小，只要一块小小的芯片就行了。

他看的书越来越多，想的问题也越来越多。一次他忽然对他的同学卡尔·爱德蒙德说：与其做一棵草坪里的小草，还不如成为一株耸立于秃丘上的橡树。因为小草千篇一律，毫无个性，而橡树则高大挺拔，昂首苍穹。

他坚持写日记，随时记下自己的想法，小小的年纪常常如大人般深思熟虑。他很早就感悟到人的生命来之不易，要十分珍惜在世时的宝贵时间。他在日记里这样写道：也许，人的生命是一场正在焚烧的火灾，一个人所能做的，就是竭尽全力要从这场火灾中去抢救点什么东西出来。这种追赶生命的意识，在同龄的孩子中是极少有的。在日常生活中，无论是演奏乐器还是写作文，他都会倾尽全力，花上所有的时间去最出色地完成。

16 年后，这个男孩成了世界著名软件公司的老板，他就是比尔·盖茨。

盖茨出生于1955年10月28日，他和两个姐姐一起在西雅图长大。他们的父亲是西雅图的律师，已故的母亲是学校教师，华盛顿大学的董事。

盖茨曾就读于西雅图公立小学和私立的湖滨中学。在那里，他发现了自己在软件方面的兴趣，并且在13岁时开始了计算机编程。

1973年，盖茨考进了哈佛大学，和现在微软的首席执行官史蒂夫·鲍尔默成为了好朋友。在哈佛的时候，盖茨为第一台微型计算机开发了BASIC编程语言的一个版本。

在大学三年级的时候，盖茨离开了哈佛，把全部精力投入到他与孩提时代的好友保罗·艾伦在1975年创建的微软公司中。盖茨的远见卓识以及他对个人计算的先见之明成为微软和软件产业成功的关键。在盖茨的领导下，微软持续地发展改进软件技术，使软件更加易用、更省钱和更富于乐趣。

本文主人公

克服软弱的一面

每一个涉世未深的年轻人都有一种自卑的心理，这是正常的，但是这些年轻时的自卑感总会在以后的生活中逐渐消失。区别在于：有些人早早地甩掉了这个思想的包袱，他们成为了较早成功的人；而有的人迟迟不能从自卑中走出来，那么他们旧的自卑尚未消失，新的自卑又出现了。很明显，后者对于一个人的成长是相当不利的。

罗伯特·梅里尔在布鲁克林长大。那时他胆子很小，而且说起话来口吃得厉害，所以最怕被老师叫起来当着全班同学的面说话。有时，当梅里尔知道上课时老师会向他提问，他就逃学，每逢躲不开的时候，他就背对着全班站着朗读，同学们常常取笑他。

而梅里尔真正得到解脱是在15岁的时候。那时正赶上经济大萧条，他不得不辍学，在曼哈顿地区帮父亲和叔叔把服装和鞋送到顾客家里去。他们付不起工钱，但是干那种跑腿的差事改变了他的生活道路。

起初梅里尔对歌剧情有独钟，这主要是受妈妈的影响，她是一个业余歌手，嗓音优美。当她听到梅里尔在家里唱歌，就带梅里尔去拜访一位声乐老师。这位声乐老师的工作室就在大都会歌剧院里，梅里尔心里充满了对他的敬畏。梅里尔交不起学费，但是这位老师同意他靠奖学金学习唱歌。

从那开始，梅里尔利用午餐的时间，手里抱着一大堆鞋盒和衣物去上课，或是干完了活去上课，往往已经累得精疲力竭。梅里尔和妈妈都没有把上课的事告诉父亲，因为他们知道他是不会理解的。

一天上完课后他回家晚了，父亲要知道他为什么这么晚才回家。梅里尔心想不能再保密了，他只好把上声乐课的事告诉了父亲。虽然父亲不知道什么是声乐课，但没有阻止他。

不久后的一天，梅里尔去第 57 街送货的时候，看见在斯坦韦大厅前围着一群人。原来是旅游胜地艾迪罗恩迪山的斯卡鲁恩庄园要招收一名暑假帮工，这里正在进行面试。

梅里尔唱了一首歌，压倒了 40 多名对手，得到了这份工作。那时候他 18 岁，因为缺乏实际经验，他感到非常紧张，但是在工作中他什么活都得干，这种紧张感很快就消失了。女声合唱队唱歌的时候，他给她们伴唱，同时还为一个名叫雷德·斯克尔顿的青年喜剧演员当助手。第一次听到观众的掌声时，他就知道这条路走对了。

梅里尔后来成为美国最负盛名的男中音歌唱家，有 9 位美国总统曾慕名前去听他演唱。

罗伯特·梅里尔（1917—2004），美国男中音歌唱家。1917年生于纽约，早期在母亲指导下学习声乐，后作为城市音乐厅广播节目中的歌手开始演唱生涯。于1943年首次涉足舞台，出演威尔蒂的歌剧《阿伊达》。之后登上纽约大都会歌剧院的舞台，他在该院首次演唱的是《茶花女》中的阿尔芒。梅里尔在大都会塑造了斗牛士、瓦伦丁、费加罗等角色，深受著名指挥家托斯卡尼尼的青睐，成为头牌明星。

他的演唱以细腻、外柔内刚、细节表达充分而著称，音色丰满而有深度。他曾与毕约林、卡拉斯、斯苔芳诺、普赖斯、科莱里等歌唱家多次合作，都有出色的成绩。

梅里尔曾被美国《时代》杂志誉为纽约大都会歌剧院最为耀眼的男中音之一，他在大都会歌剧院演唱了足足31个年头，总共出演了20个角色，共计787场次。同时梅里尔也是全美职业棒球队纽约扬基队的铁杆球迷，自1969年以来，每逢联赛开赛都要在主场高唱美国国歌。但他最爱的角色还是罗西尼歌剧《塞维利亚理发师》中的费加罗。

2004年10月23日梅里尔在家中逝世，享年87岁。他的妻子马利昂称，梅里尔是在看电视节目时去世的。

本文主人公

叩响机会的大门

机会不会自动地找到你，你必须不断而又醒目地亮出你自己，吸引别人的关注，才有可能寻找到机会。但是第一步必须让人发现你，进而赏识和信任你。因此，你必须勇于尝试，一次次地去叩响机会的大门，总有一扇会为你打开的。

1768年的一天，贵族西格诺·法列罗的府邸正在筹备一个盛大的宴会，主人邀请了一大批客人。就在宴会开始的前夕，负责餐桌布置的糕点师派人来说，他设计的用来摆放在桌子上的那件大型甜点饰品不小心被弄坏了。管家急得团团转。

这时，西格诺府邸厨房里干粗活的一个仆人走到管家的面前怯生生地说道："如果您能让我来试一试的话，我想我能造另外一件物品来顶替。"

"你?"管家惊讶地喊道，"你是什么人，竟敢说这样的大话?"

"我叫安东尼奥·卡诺瓦，是雕塑家皮萨诺的孙子。"这个脸色苍白的孩子回答道。

"小家伙，你真的能做吗?"管家将信将疑地问道。

"我想，我可以试一试，我可以造一件东西摆放在餐桌中央。"小孩子开始显得镇定一些。

仆人们这时都显得手足无措了。于是，管家就答应让卡诺瓦去试试，他则在一旁紧紧地盯着这个只有11岁的孩子，注视着他的一举一动。这个厨房的小帮工不慌不忙地让人端来了一些黄油。不一会儿工夫，不起眼的黄油在他的手中变成了一只蹲着的巨狮。管家喜出望外，惊讶地张大了嘴巴，连忙派人把这个黄油塑成的狮子摆到了桌子上。

晚宴开始了，客人们陆陆续续地被引到餐厅来。这些客人当中，有高贵的王子、傲慢的贵族、威尼斯最著名的实业家，还有眼光挑剔的专业艺术评论家。但当客人们一眼望见餐桌上卧着的黄油狮子时，都被惊得目瞪口呆，禁不住交口称赞。他们在黄油狮子前看了又看，不忍离去，甚至忘了自己此行的真正目的。结果，这个宴会变成了对黄油狮子的鉴赏会。

客人们在狮子面前情不自禁地细细欣赏着，不断地问西格诺·法列罗，究竟是哪一位伟大的雕塑家竟然肯将自己天才的技艺浪费在这样一种很快就会熔化的东西上。法列罗也愣住了，他立即把管家叫来问话，于是管家把小卡诺瓦带到了客人们的面前。

当这些尊贵的客人们得知，面前这个精美绝伦的黄油狮子竟然是这个小孩仓促间完成的作品时，都不禁大为惊讶，整个宴会立刻又变成了对这个小孩的赞美会。富有的主人当即宣布，他将出资给小孩请最好的老师，让他的天赋充分发挥出来。

西格诺·法列罗果然没有食言，但卡诺瓦没有被眼前的幸运冲昏头脑，他依旧是一个淳朴、热切而又诚实的孩子。他孜孜不倦地刻苦努力着，希望自己成为一名优秀的雕刻家。

也许很多人并不知道卡诺瓦是如何充分利用第一次机会展示自己才华的。然而，却没有人不知道后来著名雕塑家卡诺瓦的大名，也没有人不知道他是世界上最伟大的雕塑家之一。

安东尼奥·卡诺瓦为奥地利的克莉丝汀·玛丽亚大公纪念馆创作的雕塑，居然也有一只睡卧的狮子！

安东尼奥·卡诺瓦（1757—1822），意大利雕塑家。出生于威尼斯附近的波萨格诺，11岁拜雕刻师朱塞佩·贝尔纳迪为师，后随师去威尼斯，1775年开始自己创建工作室。他的处女作是1779年完成的《达埃达洛斯与埃卡路斯》，接近于洛可可的风格，但人体精确，观者曾误认为他是在真人体上用石膏制模而成的。

1779年卡诺瓦去罗马考察了那不勒斯、赫库兰尼姆、庞贝、帕埃斯图姆等地的古迹，从此定居罗马。1798年，法军入侵罗马，他被迫迁往维也纳，并于1802年接受教皇的转荐，应拿破仑的邀请去巴黎任宫廷雕刻师，从此，他的艺术就在法国生根开花。

本文主人公

两点之间，曲线最短

平面上，两点之间，直线最短，而现实生活中，更多的时候，却是“曲线”最短。

德国有个叫海因里希·谢里曼的商人，幼年时期深深迷恋《荷马史诗》，并暗下决心，一旦他有了足够的收入，就投身考古研究。

谢里曼很清楚，进行考古发掘和研究是需要很多钱的，而自己家境十分贫寒，在现实与理想之间，没有直线可走，他决定走曲线。

谢里曼的父亲曾是德国梅克伦堡附近的一名牧师，后来为一个女人失去了职位。于是，谢里曼在 14 岁的时候被迫辍学，成为了一个杂货商的助手。20 岁时，他想去美国开辟新生活。但轮船半路遇险，将他放在了阿姆斯特丹。

谢里曼在阿姆斯特丹显示出惊人的毅力。他意识到自己拥有语言天赋，只是没钱去上学。于是，谢里曼利用业余时间，自修了古代希腊语，而通过参与各国之间的商务活动，学会了多门外语，这些为他日后打下了基础。

没有什么能够阻挡他前进的道路，他说：“天赋仅仅意味着精力和毅力！”

在学习多种语言的同时，他在一家贸易公司找到了工作。由于会讲俄语，他被派往圣彼得堡。很快，一心发财致富的谢里曼从工作中发现了机会。他发现印度有一种叫靛蓝的天然蓝色染料极具商业潜力，于是他帮公司垄断了靛蓝市场，并很快创建了自己的公司。24 岁时，谢里曼已经相当富有了。他并不愿人们把他看作是一位商业天才。他告诉人们，这一切归功于他的整洁、克制、努力工作和自我牺牲精神。

多年以后，谢里曼终于在经营俄国的石油业中积攒了一大笔钱，当人们以为他会大大享受一番时，他却放弃了有利可图的商业，把全部时间和钱财都花在追求儿时的梦想上去了。

谢里曼坚信，通过发掘，一定能够找到《伊利亚特》和《奥德赛》中所描述的城市、古战场遗址和那些英雄的坟墓。1868 年 8 月 13 日，46 岁的谢里曼终于站在了位于奥斯曼帝国西北部的特洛伊大平原上。

斯卡曼德尔河已干涸的河床是谢里曼寻找遗址的主要线索，《荷马史诗》中说它流经特洛伊城。而且，谢里曼假定斯卡曼德尔河床附近陡峭的布那巴奇山就是特洛伊城。根据《伊利亚特》的有关描述，希腊英雄阿喀琉斯在沿着城墙追杀特洛伊的勇士——王子赫克托耳的激战中，曾经绕城3次，那么追杀就应该发生在山脚下。谢里曼尝试着像两位古代英雄那样围着山猛跑了起来，结果他花了两个小时才跑完一圈。两位英雄果真相互追杀了6个小时吗？这似乎不大可能。

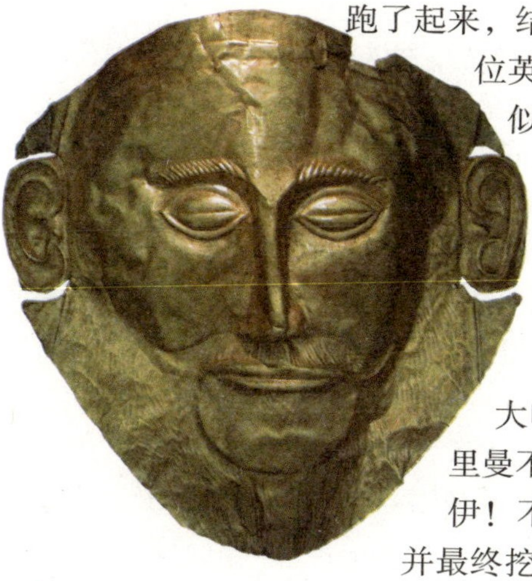

1876年谢里曼在特洛伊古城中挖掘出的面具

谢里曼放弃了布那巴奇山，来到希沙立克山跟前，这里与荷马的描述十分吻合。《伊利亚特》上所记载的大事不断浮现在他的眼前。"没错，就是这里！"谢里曼激动地大叫起来，"山顶就是古城遗址！"谢里曼不再疑惑，他相信这里一定就是特洛伊！不出几年，他就发掘出了9座城市，并最终挖到了两座爱琴海古城：迈锡尼和梯林斯。这样，谢里曼就成了发现高度发展的爱琴海文明的第一人，其发现在世界文明史中有着重要意义。

此时，人们才真正明白了为什么痴迷考古的谢里曼要花费那么多时间去赚钱，因为像许多事业一样，考古研究也需要大量资金投入，也需要衣食无忧的心态。

海因里希·谢里曼（1822—1890），德国考古学家，希腊古典时代以前远古文化发掘与研究的开拓者。少年时代做学徒谋生。酷爱《荷马史诗》，经过自学掌握13种语言。他坚信史诗中记载的特洛伊战争是真实的，立志要找到古城特洛伊。后经商致富，自费考古。

1870年后3次在土耳其西海岸的希沙立克土丘发掘，发现古城墙、街道及墓葬中大批珍贵古文物，证明特洛伊城的存在和《荷马史诗》的历史真实性，在西方引起极大轰动。后又在史诗中提到的迈锡尼等古城发掘，发现青铜时代的迈锡尼文明。其工作揭开了欧洲古史研究的新篇章。他借助于地层学原理，提高了考古发掘的科学性。

本文主人公

梦想的凳子

这个世界上，有许多人是被别人安排着过完一生的，被安排着学哪门技术，被安排着进哪个学校，被安排着在哪个单位上班……却从来没有真正为自己安排一件事情去做。人在这时候，最需要有一只凳子，你站上去，才会发现，你还有着许多没有挖掘出来的才能和智慧。而这只凳子，就是突然闯进你心中的一个想法，一个念头。

都快8岁了，他10以内的加减法还是算得一塌糊涂。父亲把墙根下玩打石头的他拽起来，给了他一个书包说，上学去吧。

父母一天到晚想着他能有一个正经营生（工作）。有一年秋天，他蘸着黑墨水，在自己家的围墙上画了一个四角的亭子，几棵高树，还有一些波光粼粼的水。邻居说，这孩子画得不赖，将来当个画匠吧。他以为，他将来能当走村串户的画匠了，就有意无意地留心看画匠干活。那年，有一个人给他大舅家画墙围子，也画了一处山水，还题了“桂林山水贾天下”的字，他明知道那个“贾”字错了，但没敢讲出来。

就在他还不能确定是否能当画匠的时候，父母又发现了他的另一个“长处”。有一次，他和隔壁家的孩子剪下许多猫猫狗狗的纸样，拿着手电钻进鸡窝里“放电影”。在浪费了好几节电池之后，父亲去公社找放映队的人，看能不能给他找一个营生（工作），哪怕打打杂，抱抱片子什么的都可以。后来公社给了他们村一个名额，不过，不是给他，而是给了村支书的儿子。

眼看当画匠无望，又当不成放电影的，父母盘算着该让他回家种地了，并预谋着要为他订下邻村的一个女孩。就在这时候，他竟然又稀里糊涂地考上了县城的高中。父亲一下子发了愁。母亲见状，说：“上吧，走一步算一步。”

上完高中，他考上了西北大学。他的人生如果就这样下去的话，毕业了，回老家教教书，或许一辈子就这样没有波澜地过完。然而，大二的时候，他突然冒出一个想法。那时，学校开办了一份自己的报刊，有一个副刊，一个月要出一两期，他常常见有同学的文章在上面发表。他想，在毕业之前，自己要完成一个小小的愿望，那就是一定要在校报的副刊上发表一篇文章，把自己的名字变成铅字。他开始疯狂地写东西，写完后就拿去让教写作的老师看，稍有得到赞许的，就投给校报编辑部。到后来，老师也不愿给看了，他就埋下头来自己琢磨。他为此看了很多书，也浏览了不少报刊。然而，投给校报的许多稿件，都如泥牛入海。

他不想把这些凝结自己心血的文稿扔了，抱着试试看的想法，他向当地的日报社投去几篇，结果意想不到的事情发生了，他的文字竟然出现在了当地的日报上。再后来，他的名字相继出现在了省内外的报刊上。从此以后，他在文学创作方面更加勤奋，因为他发现，他还有着一项自己都意想不到的才能。

这个人就是贾平凹。

贾平凹（原名贾平娃），陕西丹凤人，1952年2月21日出生。1975年西北大学中文系毕业后任陕西人民出版社文艺编辑、《长安》文学月刊编辑。1992年创办《美文》杂志并兼任主编。现为全国政协委员，中国作家协会理事等职。著有小说集《野火集》、《天狗》等，长篇小说《废都》、《怀念狼》、《秦腔》等。

贾平凹喜吃杂粮野菜，不动膏粱荤腥。平生没什么特别嗜好，唯独喜爱每日转动笔杆子，硬使当今文坛浪飞潮涌。国外人士均誉他为中国大陆文坛的“独行侠”。

贾平凹于传统的散文写作中，取了个大突破——凡对社会、人生的独特体察，个人内心情绪，或偶尔感悟到的某些哲理等，都呈现文中。那份坦诚、不摆架子、不唱高调的性格，也是他赢得读者的方式之一。在他的文中，不难发现贾平凹的赤子之心，于现今复杂的社会里的确难寻。而且，贾平凹对美感的追求，于字里行间清晰易见。他不单只在乎自我领略，也愿把这审美路径向读者介绍。

本文主人公

莫因幸运固步自封，莫因厄运一蹶不振

真正的成功者总是善于从黑暗中找到光明，在逆境中找到力量，并发现成功的契机。逆境能打败弱者，也能造就强者。天无绝人之路，奇迹多是在历经磨难和挫折后赐予那些勇敢者的最大奖赏。

他5岁时失去了父亲，14岁时便辍学开始了流浪生涯。他在农场干过杂活，当过电车售票员。16岁时他谎报年龄参了军，但军旅生活也并不顺心。服役期满后，他开了个铁匠铺，但不久就倒闭了。随后，他在南方铁路公司当上了一名机车司炉工。对这份工作，他很喜欢，因此，他以为终于找到了属于自己的位置。18岁时他结了婚，在得知太太怀孕的同一天，他却接到了被解雇的通知。后来有一天，当他在外面四处奔波，忙着找工作时，他的太太卖掉了他们所有的财产，从此没了踪影。

随后，大萧条就开始了。他却并没有因总是失败而放弃，并一直在努力寻找出人头地的机会。他曾通过函授学习法律，但后来因生计所迫，不得不放弃。他卖过保险，也卖过轮胎。他经营过一艘渡船，还开过一家加油站。但最后这些都失败了。有人对他说，认命吧，你永远也成功不了。

有一天，他一个人躲在郊外的草丛中，谋划着一次绑架行动。尽管一直以来他的日子过得一塌糊涂，可在此之前他从来没有动过绑架这一危险的念头。然而，当他等待着目标进入他的攻击范围时，他开始深深地痛恨起自己。最后，绑架行动失败，因为他还是没能突破自己良心上的底线。

后来，他成了一家餐馆的主厨。但不久，一条新修的公路刚好穿过那家餐馆，他无奈地又一次失业了。在他的事业还没有发展起来的时候，他就到了退休的年龄。时光飞逝，眼看一辈子都过去了，而他仍一无所有。他不是第一个，也不是最后一个到了晚年还一无所成的人。也许幸福鸟，或随便什么鸟，总是在不可企及的地方拍打着翅膀。他一直安分守己，除了那次未遂的绑架，他只是想从离家出走的太太那儿夺回自己的女儿。不过，母女俩后来回到了他的身边。

如今，肯德基的足迹已经遍布全世界。

要不是有一天邮递员送来了属于他的第一份社会保险支票，他还不会意识到自己老了。这份保险支票就好像在对他说，一辈子当中，轮到你击球时你都没能打中，现在，不用再打了，该是放弃、退休的时候了。这一张退休金支票，就像在不断地对他说：“你老了！老了！……”那天，他身上的某种东西被激怒，他又一次觉醒了。他用那张105美元的支票，开创了自己崭新的事业。而后，他的事业欣欣向荣。

这个在晚年开始走向辉煌的人就是哈兰德·山德士，肯德基的创始人。他用他的那一笔社会保险金创办的崭新事业就是闻名于世的肯德基快餐。

哈兰德·山德士（1890—1980），出生于美国印第安纳州亨利维尔附近的一个农庄，家境不是很富裕。他换过无数种工作，做过粉刷工、消防员，卖过保险，还当过一阵子兵。

40岁时，山德士来到肯塔基州，开了一家可宾加油站，并且他在加油站的小厨房里做了些日常饭菜，招揽顾客。在此期间，山德士推出了自己的特色食品，就是后来闻名于世的肯德基炸鸡的雏形，由于味道鲜美、口味独特，炸鸡很快受到了热烈欢迎。后来由于顾客越来越多，山德士就在马路对面开了一家山德士餐厅，专营他的拿手好戏——炸鸡。

到了1935年，山德士的炸鸡已闻名遐迩。肯塔基州州长为了感谢他对该州饮食所做的特殊贡献，向他颁发了肯塔基州上校官阶，所以人们都叫他“亲爱的山德士上校”。

后来他开创了“肯德基快餐连锁”业务。肯德基是世界最大的炸鸡快餐连锁企业，在世界各地拥有超过11000多家的餐厅，以山德士形象设计的肯德基标志已成为世界上最出色、最易识别的品牌之一。

1980年，山德士因为白血病不幸逝世，享年90岁。

本文主人公

那一棵受伤的苹果树

只有经历了挫折和伤害，激发起生命深层次的东西，集中力量及营养在开花结果上，才能绽放出灿烂的花，结出硕大的果，散发出迷人的生命的馨香！

他是一个敏感的人，敏感的人往往很容易遭受挫折。在与人交往中，别人不经意的一句话、一个不友好的眼神都让他思虑再三，不时受着心灵的煎熬，所以他经常受伤。他也不愿意经常待在家里，因为父亲想让他成为一个成功的商人或者在政府部门任职，而他接连让父亲失望。在父亲眼里，他是一个彻底的失败者，十足的无用之人，所以父亲见到他，经常咆哮着骂他。因此，他对祖父的农场很感兴趣，甚至有段时间他想成为一个农夫。

在祖父的农场，他向祖父不断抱怨，为什么我的性格是这样？为什么受伤的总是我？老人家并未言语，而是带他去了苹果园。在一棵倒下的高大苹果树前，他们停下了。

祖父问道："你看这棵树和周围的苹果树相比有何特别?"

他答道："这棵树比周围的苹果树高多了，但主干较细，枝叶也较密，小枝条多，而且结出的果实也又少又小。"

老人呵呵一笑道："不错，你的观察很细腻也很正确，它是6年前种的，那时心太软，不忍让它受伤，总舍不得折断它的主干，清理它多余的枝条，结果只知空洞地生长而不结果，两年前才开始为它剪枝。这两年结了些果实，可零零星星就那么几个，但昨夜一场暴风雨把它给折断了。"接着，祖父又感叹说："没有经历过挫折伤痛，碰上真正的打击就把它给毁灭了。"

接着，祖父陷入了沉思。过了一会儿，仿佛喃喃自语道："没有经历过挫折和伤害，看似很快乐地生长，其实很脆弱，在真正的风雨面前便会遭遇灭顶之灾；而遭受了伤害，自暴自弃，任伤口散发着糜烂的气息，只会成为一块朽木；别总抱怨为什么受伤的总是我，只有经历了挫折和伤害，激发了生命深层次的东西，集中力量及营养在开花结果上，才能绽放出灿烂的花，结出硕大的果，散发出迷人的生命的馨香！”

他若有所悟。回到自己的生活轨道，他依旧经常受伤，可是，正因为如此，他对人性及生命有了更为深刻的体会与思考，并努力结果。

不久，他这棵伤痕累累的大树便结满了令人叹为观止的果实。他写出了《地洞》、《变形记》、《判决》、《诉讼》、《城堡》等享誉世界的小说，而他本人也被誉为20世纪文学史上的杰出人物，现代主义的鼻祖。

他就是奥地利著名作家弗兰茨·卡夫卡！

弗兰茨·卡夫卡（1883—1924），奥地利作家。现代主义、表现主义文学的重要代表。卡夫卡生于捷克首府布拉格一个犹太商人家庭，是家中的长子，有三个妹妹。自幼爱好文学、戏剧，18岁进入布拉格大学，初习化学、文学，后学习法律，获博士学位。毕业后，在保险公司任职。多次与人订婚，却终生未娶，41岁时死于肺痨。

1904年，卡夫卡开始发表小说，早期作品受表现主义影响。1912年的一个晚上，通宵写出《判决》，从此建立了自己独特的风格。生前共出版7本小说的单行本和集子，死后好友布劳德违背他的遗言，替他整理遗稿，出版三部长篇小说（均未定稿）以及书信、日记，并替他立传。

卡夫卡一生的作品并不多，但对后世文学的影响却是极为深远的。卡夫卡的小说揭示了一种荒诞的充满非理性色彩的景象，个人式的、忧郁的、孤独的情绪，运用的是象征式的手法。后世的许多现代主义文学流派如“荒诞派戏剧”、法国的“新小说”等都把卡夫卡奉为自己的鼻祖。

本文主人公

美好生活 美丽心情

自我激励九法

1. 调高目标

真正能激励你奋发向上的是：确立一个既宏伟又具体的远大目标。

2. 离开舒适区

不断寻求挑战，体内就会发生奇妙的变化，从而获得新的动力和力量。

3. 慎重择友

对于那些不支持你目标的“朋友”要敬而远之。你所交往的人会改变你的生活。结交那些希望你快乐和成功的人，你在人生的路上将获得更多益处。

4. 正视危机

危机能激发我们竭尽全力。无视危机的存在，我们往往会愚蠢地创造一种舒适的生活方式，使自己生活得风平浪静。当然，我们不必坐等危机或悲剧的到来，从内心挑战自我是我们生命力的源泉。

5. 精工细笔

创造自我，如绘一幅巨幅画一样，不要怕精工细笔。如果把自己当作一幅正在创作中的杰作，你就会乐于从细微处作改变。

6. 敢于犯错

有时候我们不做一件事，是因为我们没有把握做好。我们感到自己“状态不佳”或精力不足时，往往会把必须做的事放在一边，或是等待灵感的降临。有些自己做不好的事情，一旦做起来了一定会乐在其中。

7. 加强排练

“排演”一场比你要面对的局面更复杂的战斗。如果手上有棘手的工作而自己又犹豫不决，不妨挑件更难的事先做。成功的真谛是：对自己越苛刻，生活对你越宽容；对自己越宽容，生活对你越苛刻。

8. 迎接恐惧

世上最秘而不宣的体验是，战胜恐惧后迎来的是某种安全有益的东西。哪怕克服的是小小的恐惧，也会增强你对自己的信心。

9. 把握好情绪

人开心的时候，体内就会发生奇妙的变化，从而获得新的动力和力量。但是，不要总想在自身之外寻开心。令你开心的事不在别处，就在你身上。因此，找出自身的情绪高涨期，用来不断激励自己。

你只要再迈出一步

每个人在人生当中都会面临困难，有的人在困难面前退缩了，有的人在困难面前犹豫了，有的人在犹豫后勇敢地迈出了一步，也许是一小步，但却迈出了勇气与决心，也迈出了一片全新的天地。

一群小女孩在练习跳水，所有的孩子都勇敢地从3米跳台跳下了水，只剩下一个小女孩没有跳。这个小女孩长得很漂亮，但是恐慌却写在她的脸上。老师在旁边鼓励，周围的同学也在鼓励，但是她就是害怕，害怕得泪水已经流了出来。

“还有几分钟就要下课了。”老师似乎已经对这个小女孩失去了耐心。小女孩的后腿抖得更厉害了，她艰难地退了一小步，又向前迈进了一大步，往池子看了看3米的高度。突然，周围的人看见她闭着眼睛跳了下去，水花溅得很高，但掌声却响了起来。

“安格拉，我们都为你自豪，你是怎样战胜自己的胆怯的?”旁边一个叫米吉娜的伙伴问她。这个叫安格拉的12岁的小女孩已经抹干了泪水，穿上了衣服。她用还有点发颤的声音慢慢地说：“我突然想起了爸爸说过的一句话，他说在困难的时候闭着眼睛也要往前迈一步。”

安格拉的爸爸是当地一位有名的神学院院长。他对她的要求很严，希望她能在同龄人中出类拔萃。她从没忘记父亲对她的教诲，在各个方面都很刻苦，即使是在最差的体育方面，她也做到了坚持。

因为这样一个信念，安格拉在学业上进步很快，尤其是在科学方面显露出不同凡响的能力与才华，她两次参加华约国家奥林匹克数学竞赛。她的数学老师曾这样评价：“我从来没有在数学班上见过她这样的女孩。她真的很少见——逻辑性强，分析能力强，注意力非常集中。”32岁时，她获得了物理化学博士学位。

与此同时，这个平时在大家眼中除了学习成绩一路领先，生活中却显得有些保守和灰不溜秋的年轻人，开始了她另外出色的一面。那就是表现出了对政治的极端关心与关注，以及由此所延伸出来的属于她的政治辉煌。

她就是安格拉·默克尔——德国历史上第一位女总理，最年轻的总理。一个长期被人忽略的，被很多人称为“小灰老鼠”的女政治家。

默克尔说，她的童年很快乐，一家人在民主德国过着田园式的宁静生活。直到柏林墙倒，35岁的她仍游离于政治之外。与政治相比，她似乎对蒸桑拿更感兴趣。柏林墙倒的消息就是她在桑拿馆里听说的。她当时立即打电话给母亲："拿上西德马克，我们可以到西柏林凯宾斯基饭店吃牡蛎了。"

柏林墙一倒，默克尔像许多人一样开始寻找政治归宿。她加入了一个叫"民主觉醒"的组织。理工科出身的她是该组织中唯一能解决电脑问题的人，这使她成为一个不可或缺的人。一次，主席日程排不开，临时"任命"她为"发言人"去应付记者。傲慢的记者因为没见到主席而迁怒于她，她却对自己的表现"很满意"。这一次，人们发现这个相貌平平的女子说起话来很放得开，不像她的同事那样缺乏自信。"民主觉醒"并入基民盟后，她很快就被推荐给联邦总理、党主席科尔。

当有记者问她，为何能坚持到最后，并取得胜利时，默克尔笑了，她说，她突然就想起了儿时的那次跳水，那个胆怯的小女孩终于鼓足勇气往前迈了一步！"我要好好地感谢我的父亲，因为他在我面对困难的时候都会重复这样一句话：'当你在烦恼事情没有什么进展时，请不要停下你也许发抖的双脚，请你再往前迈一步，只要一步！'"

出类拔萃的德国女总理——默克尔

安格拉·默克尔1954年7月17日出生于联邦德国北部港口城市汉堡的一个牧师家庭，在三个兄弟姐妹中排行老大。出生后不久，她的父亲带领全家迁往民主德国。默克尔从小就显露出在科学方面的天赋。1973年，她以优异成绩进入莱比锡大学攻读物理学。1986年，她以优异成绩获得物理化学博士学位。

1989年，默克尔加入"民主觉醒"组织，开始其政治生涯。默克尔1998—2000年任基民盟总书记，2000年4月起任基民盟主席，2002年9月—2005年11月任由基民盟和基社盟组成的联盟党议会党团主席，2005年11月任联盟党和社民党大联合政府总理，成为德国历史上第一位女总理。

默克尔工作认真勤奋，沉稳务实，成绩骄人。因此，她在德国政坛素有"铁娘子"之称。

本文主人公

人生就像爬楼梯

人生就像爬楼梯，每一层楼梯、每一个转弯处，都会给脚步以一种向上的力量、给虚妄以一种明智的警醒、给困境以一种希望的昭示，只要我们一条条细细体味、一步步慢慢抵达，最后一定可以到达我们梦想的终点。

有一日，老总宣布一项每日功课：每天下午4点举行一次健身健心活动——集体爬楼。

从1层爬到28层，对于每天枯坐在办公室里的员工来说颇为刺激，而最耐人寻味的，却是每一层楼梯转角处制作精美的警句标识：

2层：不劳无获。（全员共勉）

3层：人生就像爬楼梯，告诉自己：加把劲，一直向上行。（员工阅读）

4层：同样一件事，只有高兴地去做它，才能保证做好它。（员工阅读）

7层：视野要远，梦想要高。（全员共勉）

8层：最好的学习方式，不是在一旁观看，而是亲自去做，有可能的话，请与他人一同做这些练习。（全员共勉）

10层：没有人愿意偷懒，只不过他们缺乏诱人的目标，激发不出他们的干劲。（管理层阅读）

11层：人的一生中难免会有几件你不想做却不得不做的事（比如爬楼梯）。在你不够主动的时候，外力是一种最可行最有效的作用力。因为受益的是你自己，所以我们不怕你抱怨。（员工阅读）

13层：人生有两种痛苦，一种是努力的痛苦，一种是后悔的痛苦，但后者却大于前者千百倍。（全员共勉）

14层：一个公司，今天吆喝昨天的产品，明天它就要关门。（管理层阅读）

16层：权威人士公告：每登一级台阶，将延长寿命7秒。28层楼共有台阶590级，7×590=4130秒≈1.147小时，每天爬一趟可以延长寿命1.147小时，值！（全员共勉）

19层：我们今天最大的挑战是什么？抵抗成功中的反作用力，抗击发展带来的陶醉感，治愈站稳脚跟后让我们丧失斗志的癌症。（管理层阅读）

21层：如果向上，你很快就会尝到成功的快乐；如果消沉，你将离成功越来越远。（全员共勉）

26层：当你感觉到坚持不住的时候，告诉自己再上两级。（员工阅读）

27层：只要把最初的那点微不足道的“坚持”保留到底，任何人都会创造奇迹。（全员共勉）

28层：此处28层，原来成功就是这么简单！（全员共享）

每天上下28层楼，健身，健心，健康人生。不经意地就出了一身热汗，不经意地就长了一份体力，不经意地就体验了一次攀爬的人生。再回到办公室里，凝滞的血脉活络了，四周的空气也活跃了起来，大家的神情也比往日生动鲜亮了许多——沉闷和疲劳顿时跑得无影无踪，员工从此无病无痛，公司焕发出盎然的生机！

如果你坚持下去，总有一天你会交上好运

好运就像一道绚丽的彩虹，没有云雾的笼罩和风雨的洗礼，是不会诞生的。好运就像一块真金，不淘尽泥沙是不会显现的。

利特从哈佛大学毕业后决定试试在电台找份工作，然后，再设法去做一名体育播音员。于是他搭车去了芝加哥，敲开了每一家电台的门，但每次都碰了一鼻子灰。在一个播音室里，一位很和气的女士告诉利特，大电台是不会冒险雇用一名毫无经验的新手的。“再去试试，找家小电台，那里可能会有机会。”她说。利特又搭车回到了伊利诺伊州的迪克逊。虽然迪克逊没有电台，但利特父亲说，蒙哥马利·沃德公司开了一家商店，需要一名当地的运动员去经营体育专柜。由于利特在迪克逊中学打过橄榄球，于是提出了申请。那工作听起来正适合利特，但他却没能如愿。

“最好的机会总会到来的。”母亲说。于是他来到特莱城。利特试了试爱荷华州达文波特的 WOC 电台。节目部主任彼特·麦克阿瑟告诉利特说他们已经雇用了一名播音员。当利特离开他的办公室时，受挫的郁闷心情一下子发作了。利特大声地问道：“要是不能在电台工作，又怎么能当上一名体育播音员呢？”

利特正在那里等电梯，突然听到了麦克阿瑟的叫声：“你刚才说体育什么来着？你懂橄榄球吗？”

接着他让利特站在一架麦克风前，叫利特凭想象播一场比赛。前一年秋天，利特所在的那个队在最后 20 秒时以一个 65 码的猛冲击败了对方。在那场比赛中，利特打了 15 分钟。利特回想着当时的场景，进行了一段体育播报。麦克阿瑟告诉利特，他可以选播星期六的一场比赛。

在回家的路上，就像自那以后的许多次一样，利特想到了母亲的话：“如果你坚持下去，总有一天你会交上好运。并且你会认识到，要是没有从前的失望，那是不会发生的。”

你应该拿出150%的努力，不管你做什么都要这样

成功与失败之间，往往只有一步之遥，那一步就是——勇气；成功与失败之间，往往隔着千山万水，那山那水就是——努力！所以，鼓起勇气吧，正视自己，沿着自己梦想的轨迹，用一路汗水浇灌出属于自己的生命之花吧。

卡洛斯·桑塔纳，一个墨西哥流浪艺人的儿子，同时他也是一位世界级的吉他大师，一位被称作是拥有“三流的嗓子，一流的吉他技术”的拉丁摇滚乐团的领导者。

“我有智慧，我能感受到爱。我活在当下，并且尝试以一种特殊的角度展现给人们和谐和安宁。把鲜花放进枪膛比发动战争更有价值。就像吉米·亨德里克斯曾经说的一样，音符比子弹有更重要的意义。”这段话是桑塔纳在伊拉克战争时面对记者时所说的，从这段话中，不难体会到他对于音乐力量的信仰。

但是，这位被誉为“史上百大杰出吉他手”之一的，曾带动了拉丁摇滚与世界音乐风潮的伟大人物，在童年时却是个贪玩、淘气并且严重偏科，令老师们都十分头疼的“坏学生”。

卡洛斯·桑塔纳出生于墨西哥一个名叫奥特兰的村庄，在那里，父亲乔斯将传统音乐介绍给了5岁的卡洛斯。父亲是一位有造诣的小提琴师和经验丰富的音乐家，他向卡洛斯传授音乐的基础理论，让他懂得了音符的价值。

14 岁时，桑塔纳随父母移居美国。刚到美国时由于英语水平太差，造成交流与理解的障碍，桑塔纳的功课算得上是一团糟。

一天，桑塔纳的美术老师克努森把他叫到办公室，对他说："桑塔纳，我查看了一下你来美国以后的各科成绩，大多数科目的成绩除了'及格'就是'不及格'，这真是太令人感到遗憾了。但是你的美术成绩却有很多'优'，我看得出你有绘画的天分，而且我还看得出你是个音乐天才。如果你将来想成为艺术家，那么我可以带你到旧金山的美术学院去参观一下，这样你才能够知道你所要面临的是怎样的挑战。"

几天后，克努森老师真的把全班同学带到旧金山美术学院参观。在那里，桑塔纳亲眼看到了别人作画时是如何的刻苦努力，深切地感到自己与他们的巨大差距。克努森老师告诉他说："心不在焉、不求进取的人根本无法进入这里。如果想要获得 100%的收获，你就应该拿出 150%的努力，不管你做什么都要这样。"

克努森老师的话深深地打动了桑塔纳，并成为了他日后生活中的座右铭。此后，桑塔纳开始了他艰辛、漫长又充满传奇色彩的音乐之路。但无论如何，他都在以 150%的努力奋斗着。

终于，桑塔纳不仅投身于音乐，并且终于在 1966 年，与几个志同道合的朋友共同组建了乐队，并最终成为了这一领域中的领军者之一。1999 年，桑塔纳以《超自然》专辑一举获得了 9 项格莱美音乐大奖。在他的音乐中，你甚至可以感受到如同火山喷发的一瞬间的激烈和岩浆汹涌而来时那种势不可当的气势，无疑，这一切的成功都源于：150%的努力。

卡洛斯·阿尔韦托·桑塔纳·巴拉甘，生于1947年，是一位杰出的墨西哥吉他手，被《滚石》杂志奉为"史上百大杰出吉他手"第15名，同时也是乐坛公认的当代吉他英雄之一。以迷幻摇滚为起点，其曲风变幻多端，横跨拉丁、摇滚、蓝调、灵魂、爵士、流行等音乐领域，成名于20世纪60年代，并于20世纪70年代开始引领拉丁摇滚与世界音乐的风潮。

本文主人公

为那句“Yes”买单

辛迪的书整整卖出了140万本！但在这之前，她从未出版过任何一本书，而且，后来她又写了好几本书，都很畅销，那么，这令人瞠目的成功是怎么得来的呢？这完全依靠她不屈不挠的信念和巧妙的推销手段。辛迪坚信：也许今天有人对你说了“No”，但是别灰心、别难过，继续努力，也许他就是那个明天会对你说“Yes”的人。

辛迪是一名普通的家庭主妇，和美国其他的家庭主妇一样，终日在为家庭琐事而忙碌。就在某一天她突发奇想：我要依靠自己的力量，在3年内买一栋约600平方米的房子！达成这一目标的方法就是：写一本畅销书，只要在3年之内卖到100万本！

她把自己的这个想法告诉了丈夫，结果可想而知，她丈夫甚至怀疑她是不是疯了。但是辛迪并没有因此而沮丧，更没有放弃，她不断地告诉自己：别人可以做到的事，我一定也做得到，我一定会成功。在这样的自我鼓励下，辛迪开始了她的行动。

辛迪觉得自己这本书的读者对象主要是女性。她发现女性的工作压力比较大，或者不被家人理解，她想给她们带来一些快乐，这样，她们就会把书介绍给周围的朋友。

辛迪觉得她的目标读者通常会去超级市场、美容院等地方，因此就专门打电话给超级市场的采购员以及美容院的老板。

她很直率地向别人推销自己的书：“我是作家辛迪，我最近出了一本书，一定会成为畅销书。我相信，这本书一定会帮你赚很多钱的。”她说：“我寄一本样书给你，一个星期之后，我会再打电话给你。”辛迪的厉害之处在于，她从来不问别人：“你到底有没有兴趣购买？”而是直接就问：“你要订购多少本？”

一个星期之后，她打电话回访她的第一位客户，态度同样是直截了当而且不给对方任何余地：“我是辛迪，你看过我的书了吗？你准备订购5000本还是10000本？”对方说：“辛迪，你可能还不了解，我们这里订书从来没有超过2500本的时候。”辛迪说：“过去等于未来吗？”对方说：“不等于。”“所以总有一个开始，你准备订购5000本还是10000本？”对方说：“那……我订4000本好了。”第一笔生意就这样谈成了。

辛迪又打电话给第二位客户："我是辛迪，你收到我的书了吗？你要订 10000 本还是 20000 本？"对方说："你的书很幽默，我和同事都很欣赏，但我们订书从来没有订过这么大的量，我订 4000 本好了。"辛迪说："你这是在侮辱我，像你这么大的连锁店，只订 4000 本？你不止侮辱我，也是在侮辱你自己，难道连你自己都不相信你的连锁店能卖得出去吗？"对方吓了一跳，问："一般人订购多少本？"辛迪说："10000 到 20000 本。"对方被她说服了："那我订 12000 本吧！"

其实，在说这一番话的时候，辛迪的心里也在打鼓，但她相信自己的书——那是一本好书！它值得大家购买！想到这些，辛迪就更充满了勇气。

辛迪不想听"No"，她要听的是"Yes"！

一天、两天、三天……一个客户、两个客户、三个客户……辛迪的书果然成了名副其实的畅销书，销量一路猛增。后来，她又陆续出版了几本书，也都很畅销。现在，她的梦想早已不是那所 600 平方米的大房子了。

一个没有信心的人，就无法给别人信心；自己都不能肯定的事，当然也无法取得别人的肯定。心外的世界如何改变，我们是无法控制的，但只要自己心中能够自我肯定，就可以做自己的主人。在人生的旅途上要站得住脚，要经得起考验，就要对自己的所想、所言、所愿负责，随时充实自己，做到坚持不懈，那么，曾经对你说"No"的人，一定会变成"Yes"。

美好生活 美丽心情

哈佛成功金句——20则

1. 正确地思考

先正确地评判自己，才有能力评断他人。

认为整个世界都错的人，极可能错在自己。

2. 行动

观察走在你前面的人，看看他为何领先，学习他的做法。

3. 相信

相信你做得到，你一定会做到。

不断告诉自己某一件事，即使不是真的，最后也会让自己相信。

4. 警觉

不要羡慕邻居的篱笆更绿，或许荆棘多于青草。

对于满口“别人都说……”的人，问他“别人”是谁，就会看到他张口结舌的窘态。

5. 挑战

每一次都尽力超越上次的表现，很快你就会超越同道的人。

在你有把握做得更好之前，不要破坏任何东西。

6. 主要目标

你的人生想要什么？你能付出什么作为回馈？

不要怕目标定得太高，你可能需要退而求其次。

7. 合作

请求比命令能得到更好的结果。

友善的合作比煽动更得人心。

8. 勇气

勇敢地承认自己不知道的事情，才能学习并进步。

抱怨自己没有机会的人，多半没有勇气冒险。

9. 批评

不要怕不公正的批评，但要知道哪些是不公正的批评。

如果你经常批评别人，何不试着赞美别人？

10. 行为

建设性的行为才能服人，言语的吹嘘无益。

如果你比别人更具智慧，别人会从你的行为看出来。

11 热诚

当热诚变成习惯，恐惧和忧虑即无处容身。

善于安排玩乐和工作，对两者保持热诚，就是最快乐的人。

12. 多做一点

每次你多做一些，别人就欠你一些。

你不能让所有的人喜欢你，却能减少别人讨厌你的原因。

13. 失败

爱迪生失败上千次才发明灯泡。失败一次不必担心。

“一般人”只失败一次就放弃。所以“一般人”者众，而爱迪生只有一个。

14. 公平

不要忽视小节，细节决定成败。

得到帮助最好的方式是开始帮助别人。

15. 信心

除非你愿意，没有人能破坏你的信心。

信心不能给你需要的东西，却能告诉你如何得到。

16 恐惧

虚张声势往往显示出极深的恐惧。

把你的恐惧留给自己，别人有别人的恐惧。

17. 朋友

有求于人才去找朋友，很快就会没有朋友。

朋友是了解你并尊重你的人。

18. 抱怨

如果你非要抱怨，那么你小声一些，以免吵到别人。

不要太苛求抱怨的人，他把自己的日子弄得够难过的了。

19. 健康和习惯

如果你感觉无精打采，等到饿了再去吃东西。

注意饮食习惯，省下看病的花费。

20. 快乐

有些人累积金钱；智者累积快乐，与人分享仍取之不尽。

微笑使人更美丽、更愉快，却不费分文。

试试坏的开始

好的开始是成功的一半。但是如果没有好的开始，我们不妨试试一个坏的开始，因为一个坏的开始要比永远没有开始好多了。

有一段时间，在政治上受到打击的丘吉尔整日神情抑郁，全家人看在眼里，急在心里。而丘吉尔的一个邻居的妻子刚好是一位画家，家里常常堆满了各种各样的颜料、画笔、画布以及画好的作品。丘吉尔一家常常有机会欣赏那位邻居的杰作。后来在家人的劝慰下，丘吉尔开始跟他的邻居学习油画。

丘吉尔在政治舞台上是一个敢作敢为的政治家，可是对着那张干净整洁的画布，他半天都不敢下一笔，生怕出一点差错。那位女画家见了，索性将所有的颜料全倒在了画布上。丘吉尔一见那画布上已经满是颜料，于是就拿起他的画笔开始在画布上任意涂抹起来，就这样，丘吉尔画出了他的第一幅作品。虽然并不完美，但那毕竟是一个很大的突破了。

从此，丘吉尔开始放开手脚画画了。经过不断地练习，丘吉尔终于在画技上有了长足的进步。最后丘吉尔不仅给画坛留下了大量思维大胆、风格各异的油画作品，而且还恢复自信，并东山再起，在英国甚至全世界的历史上创造了一番惊人的业绩。

温斯顿·丘吉尔（1874—1965），英国政治家、演说家及作家，1953年获诺贝尔文学奖，曾在1940—1945年及1951—1955年间两度任英国首相，被认为是20世纪最重要的政治领袖之一，领导英国获得第二次世界大战的胜利。

此外，丘吉尔还可以称为预言家、发明家、战略家、外交家。他早在20世纪30年代对未来战争中的一些重大技术发展所作的预见后来都变成了现实；他以超乎寻常的惊人敏感和极大的勇气，冒着和平主义浪潮的巨大压力和“在政治上几乎有被消灭的危险”，一天也不放弃向国人发出预言式的战争警告，使英国人作好了战争来临的精神准备。总之，丘吉尔是一位人生内涵极为丰富的传奇人物。

直到今天，丘吉尔还被英国人看作是最伟大的首相之一。在2002年由英国广播电台主办的“最伟大的100名英国人”票选活动中，丘吉尔高居榜首。

本文主人公

我是第一名

成功的信念是迷路时的指南针，前进时的航标灯。在你迷茫、困惑时，只有成功的信念，才能给你勇气和力量！要让事情发生改变，先让自己发生改变，要让结果变得更好，先让自己变得更好。困难总比想的多，办法总比困难多。

乔·吉拉德很小的时候随父母从意大利搬到了美国，在汽车城底特律度过了痛苦的童年，自卑成为他不良的印痕。他那个碌碌无为的父亲告诉他："认命吧，你将一事无成。"这个说法令他沮丧。

直到有一天，母亲告诉他："这世上没有谁是和你一样的，你是独一无二的。"

从此，他燃起了希望之火，他认定自己是第一的。

他第一次去应聘时，那家公司的秘书要他的名片，他递上一张黑桃 A 的扑克牌，结果立刻得到面试的机会。

经理问他："为什么用黑桃 A?"

他说："因为 A 代表第一，而我相信我会成为第一。"

后来他真的成功了，真的成为世界第一的汽车推销员，并创造了吉尼斯纪录。他每天临睡前都要重复几遍"我是第一名"，然后才入睡，这种鼓舞性的暗示极大地强化了他的信心和勇气。

乔·吉拉德在美国一个贫民窟长大，他从懂事时起就开始擦皮鞋、做报童，然后做过洗碗工、送货员、电炉装配工和住宅建筑承包商等。35岁以前，他只能算个全盘的失败者，患有严重的口吃，换过40个工作仍然一事无成。然后他开始步入推销生涯。

谁能想象得到，这样一个不被看好，而且是背了一身债务、几乎走投无路的人，竟然能够在短短的3年内被吉尼斯世界纪录称为"世界上最伟大的推销员"。他一直被欧美商界称为"能向任何人推销出任何产品"的传奇人物。

乔·吉拉德也是全球最受欢迎的演讲大师，曾为众多世界500强企业精英传授他的宝贵经验，来自世界各地数以百万的人们被他的演讲所感动，被他的事迹所激励。

本文主人公

我只看我所有的，不看我所没有的

我们这么多年来每天生活在一个美丽的童话王国里，可是我们却在混日子，看不见生活的美丽，怨天尤人，时常感到失落。要得到快乐，请记住这条规则：“我只看我所有的，不看我所没有的。”

她站在台上，不时不规律地挥舞着她的双手；仰着头，脖子伸得好长好长，与她尖尖的下巴扯成一条直线；她的嘴张着，眼睛眯成一条线，诡谲地看着台下的学生；偶尔她口中也会支支吾吾的，不知在说些什么。基本上她是一个不会说话的人，但是，她的听力很好，只要对方猜中或说出她的意见，她就会乐得大叫一声，伸出右手，用两个指头指着你，或者拍着手，歪歪斜斜地向你走来，送给你一张用她的画制作的明信片。

她就是黄美廉，一位自小就患脑性麻痹的病人。脑性麻痹夺去了她肢体的平衡感，也夺走了她发声讲话的能力。从小她就活在诸多肢体不便及众多异样的眼光中，她的成长充满了血泪。然而她没有让这些外在的痛苦击败她内在的奋斗精神，她昂然面对，迎向一切的不可能，终于获得了加州大学艺术博士学位。她用她的手当画笔，以色彩告诉人“寰宇之力与美”，并且灿烂地“活出生命的色彩”。全场的学生都被她不能控制自如的肢体动作震慑住了。这是一场倾倒生命、与生命相遇的演讲会。

“请问黄博士，”一个学生小声地问，“你从小就长成这个样子，请问你怎么看你自己？你都没有怨恨吗？”

“我怎么看自己？”黄美廉用粉笔在黑板上重重地写下这几个字。她写字时用力极猛，有力透纸背的气势。

写完这个问题，她停下笔来，歪着头，回头看着那个发问的同学，然后嫣然一笑，回过头来，在黑板上龙飞凤舞地写了起来：

一、我好可爱！

二、我的腿很长很美！

三、爸爸妈妈这么爱我！

四、上帝这么爱我！

五、我会画画！我会写稿！

六、我有只可爱的猫！

七、还有……

八、……

忽然，教室内鸦雀无声，没有人敢讲话。她回过头来看着大家，再回过头去，在黑板上写下了她的结论：“我只看我所有的，不看我所没有的。”

瞬间，掌声从学生群中响起，黄美廉倾斜着身子站在台上，满足的笑容从她的嘴角荡漾开来，眼睛眯得更小了，一种永远也不会被击败的傲然写在她的脸上。

黄美廉出生于台湾省台南市，父亲是位牧师。出生时由于医生的过失，造成她脑部神经受到严重伤害，以致面部和四肢肌肉都失去了正常作用。当时她的爸爸、妈妈抱着身体软软的她四处寻访名医，结果得到的都是无情的答案。

6岁时，她还无法走路，妈妈听说患有脑性麻痹者到二三十岁仍是在地上爬，妈妈无法想象她的未来，绝望地想把她掐死再自杀。奇妙的是当爸爸妈妈悉心照顾她且不断为她祷告时，她的四肢渐渐有力了，会自己吃饭，会自己站立，虽然一拐一拐，但总算可以跨出人生的第一步。

童年时，她无法像别的小孩子一样自由自在地玩耍、奔跑，并且还要面对许多异样的眼光，一些小孩会嘲笑她，用手、石头或棒子打她，看她气得发抖或哇哇大哭，那些小孩子就越发得意。

在坎坷的成长过程中，父母亲的爱、扶持和来自她所信仰的耶稣的力量，带她渡过了生命中的每一个难关。一位恩师——小学二年级时的班导师马治江老师，在她幼小心灵中给了她鼓励与支持，使她拾回了信心。

本文主人公

无知者无畏

有些事情，在不清楚它到底有多难时，我们往往能够做得更好，这就是人们常说的无知者无畏。

1796年的一天，德国格丁根大学，一个19岁的很有数学天赋的青年吃完晚饭，开始做导师单独布置给他的每天例行的3道数学题。

像往常一样，前两道题目在两个小时内顺利完成。第三道题写在一张小纸条上，是要求只用圆规和一把没有刻度的直尺做出正十七边形。青年做着做着，感到越来越吃力。

困难激起了青年的斗志：我一定要把它做出来！他拿起圆规和直尺，在纸上画着，尝试着用一些超常规的思路去解这道题。终于，当窗口露出一丝曙光时，青年长舒了一口气，他终于做出了这道难题！

作业交给导师后，导师当即惊呆了。他用颤抖的声音对青年说："这真是你自己做出来的？你知不知道，你解开了一道有两千多年历史的数学悬案？阿基米德没有解出来，牛顿也没有解出来，你竟然一个晚上就解出来了！你真是天才！我最近正在研究这道难题，昨天给你布置题目时，不小心把写有这个题目的小纸条夹在了给你的题目里。"

多年以后，这个青年回忆起这一幕时，总是说："如果有人告诉我，这是一道有两千多年历史的数学难题，我不可能在一个晚上解决它。"

这个青年就是数学王子高斯。

卡尔·高斯（1777—1855），德国数学家、物理学家和天文学家，出生于德国布伦兹维克的一个贫苦家庭。父亲对高斯要求极为严厉，甚至有些过分，常常喜欢凭自己的经验为年幼的高斯规划人生。高斯尊重他的父亲，并且秉承了其父诚实、谨慎的性格。

高斯的研究领域，遍及纯粹数学和应用数学的各个领域，并且开辟了许多新的数学领域，从最抽象的数论到内蕴几何学，都留下了他的足迹。从研究风格、方法乃至所取得的具体成就方面，他都是18～19世纪之交的中坚人物。

本文主人公

美好生活 美丽心情

忘记它是为了得到它

有个问题问你："学习"比较难还是"忘却"比较难？大部分人在一开始都会回答是学习比较难，忘却比较容易。

美国著名的经济学家说："世界上最难的事不是让人们接受新思想，而是使他们忘却旧观念！"

不知你有没有这样的经验，当你去劝说某人的时候，某人总是抱着一个旧观念不放，怎么也听不进你给他讲的新观念。"Forget it!"的意思是："忘记它！"如果把这个单词拆分一下就变成了"For get it!"——忘记它是为了得到它！

迪伊·霍克是维萨信用卡网络公司的创办人。早在1997年7月的美国《优秀企业》杂志上，迪伊·霍克和几个精英人物共同提出：目前企业所面临的问题不是学习而是忘却！就好比一个电脑，如果你对它内在的程序、内在的文件资料统统都不满意，而电脑的空间已经满了，你准备怎么做呢？是不是要先删除旧的程序、旧的文件？然后才能够再装入新的程序、新的文件，是不是这样？所以问题永远不在如何使头脑里产生崭新的、创造性的思想，而在于如何从头脑里淘汰旧观念！旧的观念不除去，新的观念很难植根发芽。

别忘了：For get it! ——忘记它才能得到它！

著名的管理学大师彼得·杜拉克曾说道："创新起始于舍弃，它不在实施新措施，而在于舍弃的是什么。"

所以请你就在此刻写下你最需要舍弃的三件事情，也许是你过去的某个最想改掉的习惯又或者是……

请你对上面写下的三条画上一个大大的"×"！并且大喝一声：For get it!

星星点灯：旧的不去，新的不来。主动舍去那些经常困扰着你、对你却没有任何用处的烦恼、意识或无用的知识，让你的思想和有用的知识占据你的心灵吧。

美好生活　美丽心情

成功十诫

成功第一诫：

你必须每天辛勤工作，因你的生命便系于此。假如你不愿意为成功付出代价，那么就准备接受一个平凡穷困的人生吧。

成功第二诫：

持之以恒，方可掌握命运。切记：你只有持之以恒，才会收获丰盈；任何成功都是耐心耕耘和静心等待的结果。

成功第三诫：

深谋远虑，否则你将终身随波逐流。

成功第四诫：

你必须未雨绸缪，在顺境中为逆境作准备。

成功第五诫：

陷入苦难困境时，仍要面带微笑，直到逆境向你俯首称臣。

成功第六诫：

只有计划，没有行动，永远只是空想家。行动吧！否则你将受制于别人的行动。

成功第七诫：

做自己情绪的主宰。

成功第八诫：

想要到达目的地，必须减轻心灵的重担。

成功第九诫：

永远记住，时光稍纵即逝。

成功第十诫：

该有人告诉那些学生，纸上的文字犹如石头上的文字一样无用处，除非把它们化为行动。

用微笑把痛苦埋葬

伊莉莎白·康黎写了很多作品，其中《用微笑把痛苦埋葬》一书颇有影响。书中有这样几句话：“人，不能陷在痛苦的泥潭里不能自拔。遇到可能改变的现实，我们要向最好处努力；遇到不可能改变的现实，不管让人多么痛苦不堪，我们都要勇敢地面对，用微笑把痛苦埋葬。有时候，生比死需要更大的勇气与魄力。”

二战期间，一位名叫伊莉莎白·康黎的女士，在庆祝盟军在北非获胜的那一天，收到了国际部的一份电报——她的独生子在战场上牺牲了。

他是她最爱的儿子，那是她唯一的亲人，那是她的命啊！她无法接受这个突如其来的严酷事实，精神接近崩溃的边缘。她心灰意冷，痛不欲生，决定放弃工作，远离家乡，然后默默地了此余生。

当她清理行装的时候，忽然发现了一封几年前的信，那是她儿子到达前线后写来的。信上写道：“请妈妈放心，我永远不会忘记您对我的教导，不论在哪里，也不论遇到什么灾难，都要勇敢地面对生活，像真正的男子汉那样，能够用微笑承受一切不幸和痛苦。我永远以你为榜样，永远记着你的微笑。”

她热泪盈眶，把这封信读了一遍又一遍，似乎看到儿子就在自己的身边，用那双炽热的眼睛望着她，关切地问：“亲爱的妈妈，你为什么不照你教导我的那样去做呢？”

伊莉莎白·康黎打消了背井离乡的念头，一再对自己说：告别痛苦的手只能由自己来挥动。我应该用微笑把痛苦埋葬，继续顽强地生活下去。我没有起死回生的能力改变现状，但我有能力继续生活下去。

一辈子坚持只做一件事

坚持登一座山峰的人，一定会到达顶峰。一辈子坚持只做一件事的人，一定会成功，并且会成为一个强者，一个佼佼者。

有这么一家人，男的是教师，在一所中专教经济学；女的下岗，在街上开一家纽扣店；女儿在一所普通中学读初三。

男的没什么爱好，教学之余，除了到图书馆翻翻经济类杂志，就是到妻子的小店转悠转悠。女的也没什么大志向，除了卖纽扣，最多再卖些头饰、胸花之类的小玩意儿。女儿学习也很一般，没拖拉过作业，也没有得过一次奖。总之，一家人都是普通人，过的日子也是普通人的日子，平平淡淡、紧紧巴巴。

一天，男的告诉女的，他有一个新发现。女的问是什么发现。男的说，昨天，他在图书馆看一份杂志，介绍的全是世界上列入 500 强的大公司。他发现，他们都是一根筋，一条路。女的问什么意思。男的说："打个比方，你卖纽扣，就只卖纽扣，卖所有品种的纽扣，店再大，都不卖别的。"女的说："这算什么新发现？不就是开专业店吗？"男的说："好像是开专业店，但我搞不清楚的是，为什么成为 500 强的都是这些专业店，而不是其他的店？这里面一定有名堂。"

男的不是个执著的人。但自从有了这个新发现后，从没有放弃琢磨。他认真查阅了世界第一强、零售业的老大沃尔玛。他发现它自始至终只做零售，钱再多都不买地，都不去做房地产。他又查阅了美国通用汽车公司，它是世界第二强，一百多年来，也是只做汽车与配件，资产达到 8 万亿了，都不去做航空与轮船。他还研究了世界首富比尔·盖茨，他发现此人也是一条路走到底，钱再多，都只做软件，其他行业再赚钱都不去做。男的心想：是不是心无旁骛地做一件事，更容易成为强者？

有了这一认识之后，他有些心动了。一天晚上，他对妻子说，以后再进货，头饰、胸花之类的东西，不要再进了，全进纽扣，有多少品种进多少品种，看看会怎么样。

也许是他发现了天机，也许"从一而终，坚持一条路走到底"这种做法本身就蕴藏着天机。总之，自此之后，一家航空母舰式的纽扣店，在这座城市出现了，所有做纽扣批发和销售的人，来到这座城市，都是直奔这家纽扣店而来，他也因此成了"纽扣大王"。

成功并不像你想象的那么难

人世中的许多事，只要想做，都能做到，该克服的困难，也都能克服，用不着什么钢铁般的意志，更用不着什么技巧或谋略。只要一个人还在朴实而饶有兴趣地生活着，他终究会发现，造物主对世事的安排，都是水到渠成的。

1965年，一位韩国学生到剑桥大学主修心理学。在喝下午茶的时候，他常到学校的咖啡厅或茶座听一些成功人士聊天。这些成功人士包括诺贝尔奖获得者、某些领域的学术权威和一些创造了经济神话的人，这些人幽默风趣，举重若轻，把自己的成功都看得非常自然和顺理成章。时间长了，他发现，在国内时，他被一些成功人士欺骗了。那些人为了让正在创业的人知难而退，普遍把自己的创业艰辛夸大了，也就是说，他们在用自己的成功经历吓唬那些还没有取得成功的人。

作为心理系的学生，他认为很有必要对韩国成功人士的心态加以研究。1970年，他把《成功并不像你想象的那么难》作为毕业论文，提交给现代经济心理学的创始人威尔·布雷登教授。布雷登教授读后，大为惊喜，他认为这是个新发现，这种现象虽然在东方甚至在世界各地普遍存在，但此前还没有一个人大胆地提出来并加以研究。惊喜之余，他写信给他的剑桥校友——当时正坐在韩国政坛第一把交椅上的人——朴正熙。他在信中说："我不敢说这部著作对你有多大的帮助，但我敢肯定它比你的任何一个政令都能产生震动。"

后来这本书果然伴随着韩国的经济起飞了。这本书鼓舞了许多人，因为它从一个新的角度告诉人们，成功与"劳其筋骨，饿其体肤"、"头悬梁，锥刺股"没有必然的联系。只要你对某一事业感兴趣，长久地坚持下去就会成功，因为上帝赋予你的时间和智慧够你圆满做完一件事情。后来，这位青年也获得了成功，他成了韩国泛业汽车公司的总裁。

一心扑着理想而去

谁都想获得成功，可由于心中太多的杂念，努力就会偏离方向。真正的高手，“只看得见靶心”，一心扑着理想而去；而从“只看得见靶心”到“绝不留恋射出去的箭”，就更是一种飞跃、一种升华。

3位颇具天赋的女孩子让射箭队教练大喜过望。当时，这3位女孩都还不满17周岁，而且以最佳的成绩计算，她们都排名在世界前十名之列，换句话说，只要这三人发挥正常，奥运会上女子射箭的金牌也就非她们莫属了。

紧张的比赛随着一串急促的铃声开始了，主场观众的助威声一浪高过一浪。一声哨响后，观众们都安静下来，队员们角逐的时候到了。可令教练大为意外的是，第一位天才少女在首轮比赛中就被无情地淘汰了，她的成绩非常糟糕，连平时训练的水平都达不到。教练仰天长叹，不过值得庆幸的是，他们是东道主，有3个参赛名额。

决赛才进行到一半，又有一个少女的成绩开始不稳定起来，而且越来越失去准头，眼看她是拿不到冠军了，于是教练只好把目光投向了最后一名弟子。只见那少女异常地沉着老练，她的每一支箭几乎都命中靶心。最后她获胜了，如愿以偿地取得了金牌，她就是韩国公认的“神箭手”金水宁。

事后，教练问3位弟子成败的原因。第一个说，她从一开始就想“保”，因为只要发挥出她的最好水平，她就可以遥遥领先，可惜，她失败了；第二位弟子说，当她射出糟糕的一箭后，她想“追”，以力保金牌，可惜，她也失败了；问到金水宁时，金水宁平静地说：“我眼中只有靶心，连箭都看不见。”教练拍拍她的肩膀说：“你已经知道什么是射箭了。”

对于自己保持良好成绩的诀窍，金水宁有一句很有启发意义的话，那就是，“我绝不留恋射出去的箭”。

美好生活 美丽心情

人生七日忠告

第一日的忠告——经常给人一个惊喜
给朋友一个惊喜，能增进友谊；
给家人一个惊喜，能带来无比的欢乐；
给孩子一个惊喜，能激发其活力；
给同事一个惊喜，能融洽良好的人际关系。
一声轻轻的问候，一份贴心的关怀，能给人意想不到的温暖。
把自己的快乐告诉他人，大家共享其乐融融。
每日一言：惊喜不要去刻意炮制。

第二日的忠告——善于弥补别人的不足
不要与光彩夺目的人相处，这样只会暴露你的缺陷。
不要与爱挑剔的人相伴，这样只会显示你的缺点。
与“太阳”型的人在一起，只会灼伤自己。
与互补型的人在一起，事业会蒸蒸日上。
避人所长，补己之短，这样会使自己成为不可或缺的人。
每日一言：找准自己的位子，巧干。

第三日的忠告——孤独是健康的大敌
世上最悲哀的莫过于被群体所遗弃，世上最悲惨的莫过于离群索居。
无论是被动还是主动的孤独，寂寞总是包围周身，时时吞噬身心。
心灵的孤独最容易毁灭一个人的生命。
因为生存环境恶化而孤独最懦夫，
因为个人品行低劣而孤独最报应。
每日一言：偶尔独处并非一定孤独，只要心与群体相通。

第四日的忠告——君子爱财要取之有道
不义之财不可取，勤劳致富是正道，合法才不会被绳之以法。
切莫学：人为财死，鸟为食亡。
劳动、知识、智慧，是构成财富的大厦；
懒惰、无知、贪婪，则是引致死亡的深渊。
君子爱财，一定取之有道，这样的钱财，使人高枕无忧。
每日一言：不义之财得到越多，死亡就越快，而且馅饼不会从天上掉下来。

第五日的忠告——抱有感恩之心
对人、对事深怀感激，
就会朝气蓬勃，就会豁达睿智，
就会好运常有，就会格外珍惜生命，
就会热爱生活，就会有充实的人生，
就会远离烦恼，就会愉悦之情常有，
就会感觉天地更加宽广。
每日一言：感谢一切应该感谢的，多感谢，少抱怨。

第六日的忠告——学无止境
学习从来没有够的时候。
人的一生要学的东西有很多，应该有的放矢，
缺什么，补什么，这样才能事半功倍。
学习有利于人生的进步，还有利于生活的充实。
因为学不够，就会谦虚、谨慎。
越学越会觉得自己无知、渺小，则自己的感悟和收获就越大。
每日一言：终生学习，越学越年轻。

第七日的忠告——丢弃过去的“我”，拓展现在的“我”
丢弃是为了放下包袱，轻装前进；
拓展是为了扩大自己的领域，产生全新的自我。
人前行没有丢弃，就不能真正超越自我，
就会永远拘泥于狭窄的怪圈，就会过分谨慎，直至愚蠢。
每日一言：走出自我的框架，备忘录：“慈悲喜舍”。

用勇气品尝生活的橄榄

"祸福相依"最能说明痛苦与快乐的辩证关系，贝多芬"用泪水播种欢乐"的人生体验生动形象地道出了痛苦的正面作用，传奇人物艾柯卡的经历更传神地阐明了快乐与痛苦的内在联系。

艾柯卡靠自己的奋斗终于当上了福特公司的总经理，然而19年后，即1978年7月13日，有点得意忘形的艾柯卡被妒火中烧的大老板亨利·福特开除了。在福特公司工作已32年，当了8年总经理，一帆风顺的艾柯卡突然间失业了。他痛不欲生，开始喝酒，对自己失去了信心，认为自己要彻底崩溃了。

就在这时，艾柯卡接受了一个新挑战——应聘到濒临破产的克莱斯勒汽车公司任总经理。

凭着他的智慧、胆识和魅力，艾柯卡大刀阔斧地对克莱斯勒进行了整顿、改革，并向政府求援，舌战国会议员，取得了巨额贷款，重振企业雄风。

在艾柯卡的领导下，克莱斯勒公司在最黑暗的日子里推出了K型车的计划，此次计划的成功令克莱斯勒起死回生，成为仅次于通用汽车公司、福特汽车公司的第三大汽车公司。

1983年7月13日，艾柯卡把生平仅见的面额高达8.13亿美元的支票交到银行代表手里，至此，克莱斯勒还清了所有债务，而恰恰是5年前的这一天，亨利·福特开除了他。

事后，艾柯卡深有感触地说："奋力向前，哪怕时运不济；永不绝望，哪怕天崩地裂。"

有梦想的人才能举起奥斯卡

有光荣的梦想，才能成就伟大的事业。人类所具有的种种力量中，最神奇的莫过于梦想的能力。一切伟大的行动均来自于光荣的梦想，梦想是牵动人走向成功殿堂的“纽带”。

1978 年，当李安准备报考美国伊利诺伊大学的戏剧电影系时，父亲十分反感，他给李安列举了一些数字：在美国百老汇，每年只有 200 个角色，但却有 50000 人要一起争夺这少得可怜的角色。当时的李安一意孤行，登上了去美国的班机，父子之间的关系从此恶化，近 20 年间的话不超过 100 句！

李安从电影学院毕业后，终于明白了父亲的苦心所在。在美国电影界，一个没有任何背景的华人要想混出名堂来，谈何容易！从 1983 年起，李安经过了 6 年多的漫长而无望的等待，大多数时候都是帮剧组看看器材、做点剪辑助理、剧务这类的杂事。最痛苦的经历是：曾经拿着一个剧本，两个星期跑了约 30 家公司，一次次面对别人的白眼和拒绝。

经过了很长一段时间，李安也没有找到愿意投资他剧本的赞助商。幸运的是妻子一直在默默帮助他、鼓励他，生活过得还算美满。有段时间，李安辗转反侧想了好几个晚上，终于下定了决心：也许这辈子电影梦都离我太远了，还是面对现实吧！

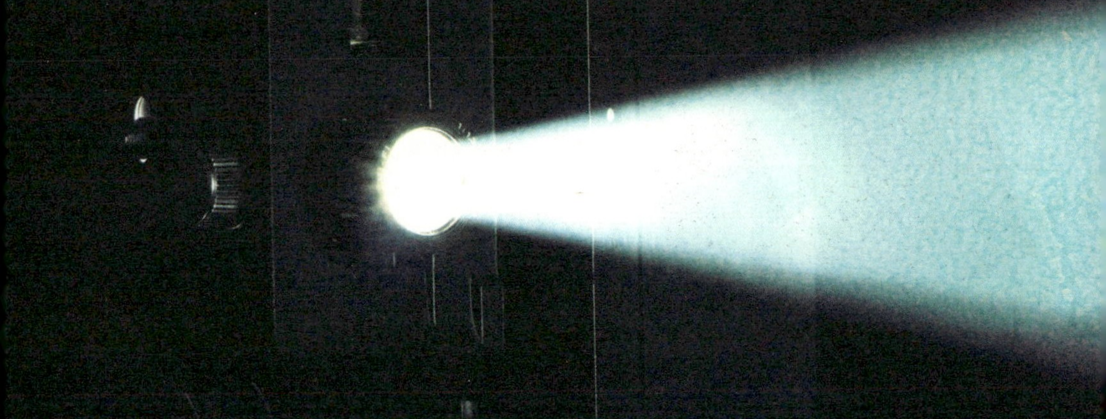

后来，李安去了社区大学，看了半天，最后心酸地报了一门电脑课。在那个生活压倒一切的年代里，似乎只有电脑可以在最短时间内让他有一技之长。那几天他一直萎靡不振，妻子很快就发现了他的反常，细心的她发现了丈夫包里的课程表。那晚，她一宿没和李安说话。

由李安执导的荣获了奥斯卡奖的电影——《断背山》宣传海报

第二天，去上班之前，妻子快上车了，突然，她站在台阶下转过身来，一字一句地告诉李安："安，要记得你心里的梦想！"

那一刻，他的心里像突然起了一阵风，那些快要湮没在庸碌生活里的梦想，像那个早上的阳光，直射进李安的心底。妻子上车走了，他拿出包里的课程表，慢慢地撕成碎片，丢进了门口的垃圾筒。

后来，李安的剧本得到基金会的赞助，开始自己拿起了摄像机。再后来，一些电影开始在国际上获奖。这时，妻子重提旧事，她才告诉李安："我一直就相信，人只要有一项长处就足够了，你的长处就是拍电影。学电脑的人那么多，又不差你李安一个！你要想拿到奥斯卡的小金人，就一定要保证心里梦想的存在。"

不管这个曾经的梦有多遥远，如今它毕竟实现了。2006 年，李安凭借着在《断背山》一片中出色的执导水平，力压多名美国大牌导演，荣获第 78 届奥斯卡最佳导演奖。

李安1954年出生在台湾省台北市，祖籍江西。1975年他自国立台湾大学艺术学院毕业，后前往美国留学。他先是在伊利诺伊大学学习戏剧导演，获戏剧学士学位。后又前往纽约大学学习电影制作，并获得电影硕士学位。

李安近年蜚声国际影坛，在太平洋两岸均取得了不俗的成就，毫不夸张地说，他架起了东西方文化的沟通桥梁。作为一个从小在传统中国家庭里长大的人，他除了拍出了《推手》、《喜宴》、《饮食男女》及大红大紫的《卧虎藏龙》等华语片以外，居然还能拍出令国际影视界一致叫好的跨文化的《冰风暴》、《理智与情感》及《与魔鬼共骑》等外语片。这3部影片分别代表着维多利亚时代封建保守的英国以及美国南北战争时期和20世纪70年代的社会背景。也许对于一个真正的金牌导演来说，电影不存在什么文化与国别的区别，只要他的作品能触动观众。

本文主人公

在淘汰自己中飞翔

在千万富翁云集，但却充斥着大麻味道和纹身色彩的巨人阵营中，似乎只有乔丹出淤泥而不染。他恪守体育道德，尊老爱幼，大有君子之风。

在青少年心中，乔丹成了无瑕的榜样。这正是与他不断进行自我淘汰，不断地淘汰自身的不完美有关！必须时刻记住——要学会自我淘汰，淘汰掉昨天的你，淘汰自我满足的你。

20 世纪 90 年代的一天，美国总统克林顿携夫人希拉里出席一个为残疾人谋求职业的仪式，与此同时，一名美国运动员退役的新闻发布会正在美利坚大地的另一处举行。

身为一个球迷，克林顿也未能做到心无旁骛，在仪式上他忍不住说了毫无关系的一番话：“在我的一生中，还没有看到有其他的运动员能将头脑、身体和精神等诸项素质结合得像他那样完美。我认为美国的体育迷用一到两天的时间发出‘喔啊’的感叹是很正常的。与莱特兄弟和其他的美国先驱一样，他证明了人类确实可以飞翔！”

那一年这名运动员 36 周岁。几个月以前，他用一次匪夷所思的出手为 NBA 留下了一道曼妙的曲线，以 87：86 的比分助芝加哥公牛队反败为胜，并为自己摘得第六枚总冠军戒指。

在美国 NBA 职业篮球队中，有天分的篮球队员很多，而真正称得上“飞人”的却只有一人——乔丹。

是什么动力，让乔丹获得如此的成绩呢？答案是：教练的一句话改变了他的一生。

在乔丹还是个不太知名的球员时，一场比赛胜利后，乔丹和同伴正沾沾自喜地畅说胜利的喜悦。

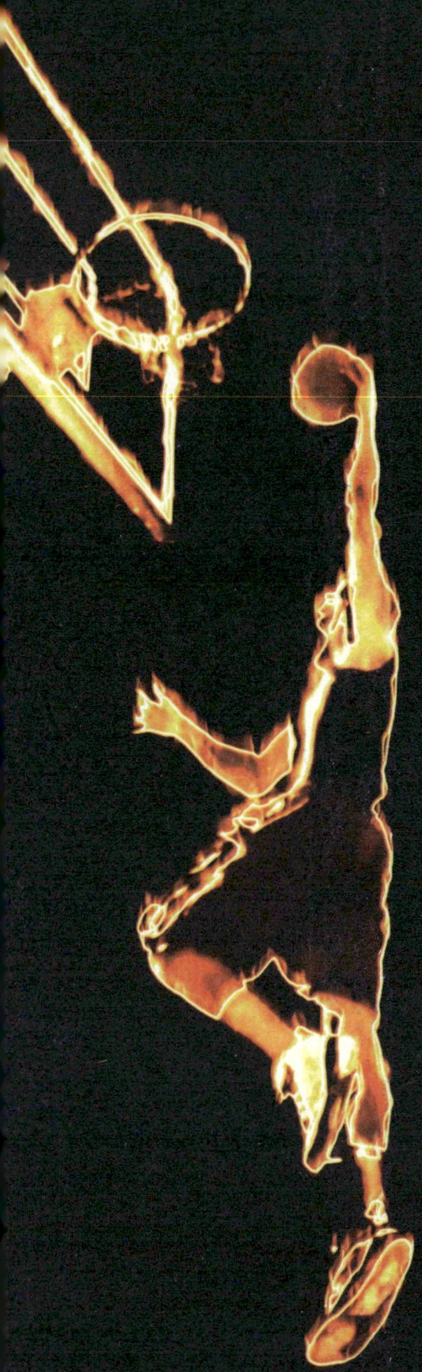

教练却未露出过多的胜利的笑容，而是把乔丹拉到一旁，严肃地把乔丹批评了一通，其中的一句话使乔丹永铭于心：

“你是一个优秀的队员，可今天的比赛场上你发挥得极差，完全没有突破，这不是我想象中的乔丹。你要想在美国篮球队一鸣惊人，必须时刻记住——要学会自我淘汰，淘汰掉昨天的你，淘汰掉自我满足的你……”

乔丹就是凭借着这位高中时的教练的一句话，挺进了芝加哥公牛队，后来成为全美国乃至全世界家喻户晓的“飞人乔丹”。他在篮球场上的身姿不仅陶醉着世界各地的球迷，而且成为美国体育商业的超级催化剂，在他的背后，矗立着一个庞大的商业王国。

“飞人”乔丹——一个集优雅、力量、艺术、即兴能力于一身的卓越运动员，他重新定义了NBA超级明星的含义，他是公认的全世界最棒的篮球运动员，不仅仅在他所处的那个时代、在整个NBA历史上乔丹都是最棒的。

能够成为迈克尔·乔丹式的人物，是所有美国人的梦想。

迈克尔·乔丹1963年2月17日出生于纽约的布鲁克林区，后来进入北卡罗来纳大学学习，在那里，他的篮球天赋开始显现。加盟芝加哥公牛队后，乔丹率队6次获得NBA总冠军，5次赢得最有价值球员（MVP）的称号。两度宣布退役，又两度宣布复出，最终于2003年从华盛顿奇才队退役。据估计，截至2002年，乔丹的财产总数为4.02亿美元。乔丹是美国最伟大的篮球运动员。

乔丹名言：“我可以接受失败，但无法接受放弃。”

本文主人公

找到适合你奔跑的那双鞋

成功，从某种意义上来说是寻找的艺术，在奋斗的路上，你若能看清自身的条件和特点，找到适合自己奔跑的那双鞋，也许就成功了一半。

少年时代，父母为他选择了文学之路，但老师却对他下了这样的结论：该生很用功，但过分拘泥，不可能在文学上有所成就。后来，他改学油画，虽然十分认真，可成绩差，进度慢。后来，一位化学老师发现他总是一丝不苟地对待每一件事，于是，这位化学老师建议他改学化学，并相信他会取得好成绩。

诺贝尔化学奖得主奥托·瓦拉赫

这一次，他智慧的火花果真被点燃了，在学习的过程中总是胜人一筹。他的名字叫奥托·瓦拉赫，诺贝尔化学奖得主之一。

穿上了一双不适合自己的鞋子，即使它非常的昂贵精美，跑起来也会很痛苦。只有拥有一双适合自己奔跑的鞋子，才会跑得更快、更远。

曾经有一个被老师们公认的“问题”孩子，被好几所学校像踢皮球一样踢来踢去。

开始，他也屈从于外界的评价，认为自己非常笨。长到十几岁，他发觉自己天生对文字反应迟钝，但对图形很敏感，于是，他开始了独特的自娱自乐——画画。

在学校里画，回到家里也画，书上、作业本上，只要有空白的地方都被他画得满满的。

后来，有一家媒体发现了他，并为他开设漫画专栏，渐渐地，他声名鹊起，成了专职漫画家。他就是朱德庸，25 岁红透宝岛台湾。

他的《双响炮》、《涩女郎》、《醋溜族》等漫画集一直畅销。现在，根据这些漫画作品改编的电视剧正在热播，“朱德庸”3 个字更是炙手可热。

真心助人者，终将铸就自己

卡洛斯·古铁雷斯发现了改变自己命运的简单的武器，那就是“日行一善”。

他父亲是位大庄园主。7岁之前，他过着钟鸣鼎食的生活。20世纪60年代，他所生活的那个岛国，突然掀起一场革命，他失去了一切。当家人带着他在美国迈阿密登陆时，全家所有的家当，是他父亲口袋里的一叠已被宣布废止流通的纸币。

为了能在异国他乡生存下来，从15岁起，他就跟随父亲打工。每次出门前，父亲都这样告诫他：只要有人答应教你英语，并给一顿饭吃，你就留在那儿给人家干活。

他的第一份工作是做服务生。由于他勤快、好学，很快得到了老板的赏识。为了能让他学好英语，老板甚至把他带到家里，让他和他的孩子们一起玩耍。

一天，老板告诉他，给饭店供货的食品公司将招收营销人员，假若他乐意的话，愿意帮忙引荐。于是，他获得了第二份工作——在一家食品公司做推销员兼货车司机。临去上班时，父亲告诉他：“我们祖上有个遗训，叫‘日行一善’。在家乡时，父辈们之所以成就了那么大的家业，都得益于这4个字。现在，你要到外面去闯荡了，一定要牢记啊。”

也许就是因为那4个字吧！当他开着货车把燕麦片送到大街小巷的夫妻店时，他总是做一些力所能及的善事，比如帮店主把一封信带到另一个城市，让放学的孩子顺便搭一下他的车。就这样，他乐呵呵地干了4年。

第五年，他接到总部的一份通知，要他去墨西哥，统管拉丁美洲的营销业务，理由据说是这样的：该职员在过去的4年中，个人的推销量占佛罗里达州总销售量的40%，应予重用。

后来的事，似乎就顺理成章了。他打开拉丁美洲的市场后，又被派到加拿大和亚太地区；1999年，被调回了美国总部，任首席执行官。就在他被美国猎头公司列入可口可乐等世界性大公司首席执行官的候选人名单时，美国总统布什在竞选连任成功后宣布，提名卡洛斯·古铁雷斯出任下一届政府的商务部部长。

古铁雷斯将领导的商务部是一个庞大的政府机构，有着3.5万名雇员和60亿美元的年度预算，掌控着美国同世界各地的国际贸易。

会谈中的美国商务部部长古铁雷斯（左）

为美国公司打开国际市场以创造更多工作机会，让美国更强大是古铁雷斯最优先考虑的。他充满激情地相信布什总统对21世纪美国的憧憬——美国是世界上做生意最好的国家，大家都有机会体验拥有的喜悦和自豪感，实现美国梦。

古铁雷斯说："我们有最好的人民，最好的训练，最好的文化，我相信21世纪将是一个真正的和真实的美国世纪。"

现在，卡洛斯·古铁雷斯这个名字已成为"美国梦"的代名词。《华盛顿邮报》的一位记者曾采访古铁雷斯，请他就个人命运谈点看法。古铁雷斯说：一个人的命运，并不一定取决于某一次大的行动，我认为，更多的时候，取决于他在日常生活中的一些小小的善举。

卡洛斯·古铁雷斯，美国政治家，2005年1月24日当选美国第35任商务部部长。

卡洛斯·古铁雷斯出生于古巴哈瓦那的一个富有的菠萝种植园主家庭。1960年，父亲的产业被政府没收后，他们全家被迫逃离古巴来到美国迈阿密。在迈阿密里士满酒店，古铁雷斯从旅馆服务生那里学会了英语。

没有进过高等学府的古铁雷斯曾历任美国家乐氏公司首席运营官、总裁、首席执行官和董事会主席等多个职位，因出色业绩被华尔街誉为"商界奇才"。

上台伊始，古铁雷斯便大刀阔斧地放了三把火，在家乐氏公司销售额迟滞的情况下，他对公司进行了彻底改组：裁减人员，清偿债务，把公司重心放在谷物和健康小吃的销售上，公司果然扭亏为盈。1999—2003年，该公司净销售额增长43%，达到了88亿美元；4年内，家乐氏的股票也由每股24美元增长到了45美元，几乎增长了1倍。

本文主人公

只要专注，就能成功

在某些事情面前，不要找借口说自己没有时间做，不要找借口说自己的年龄大了已力不从心。事实上，一个人只要专注于一件事，年龄对于他来说往往是可以忽略不计的。

哈里·莱伯曼是个很喜欢下棋的老人，每天必到老年俱乐部和棋友下几个小时，下完棋后散步回家，日子过得闲适又安逸。

有一次，哈里·莱伯曼的棋友突然病了，没办法和他下棋了。俱乐部的管理员为他安排了其他的老人做他的棋友，他一时没有办法适应，所以就放弃了。老人心情沮丧地准备回家，明天再来，这时俱乐部管理员建议他：“您可以尝试另一种娱乐方式，譬如去画画。”

在俱乐部管理员的建议下，哈里·莱伯曼来到了俱乐部的画室，画室里摆着许多画，还有许多作画的工具。哈里·莱伯曼看到这些哈哈大笑：“你说什么？让我在这里作画，我可是从来没有摸过画笔。”俱乐部管理员鼓励他说：“那有什么关系，您可以试着画一幅，说不定就会感兴趣呢。”

于是，哈里·莱伯曼来到画架前，平生第一次摆弄起了画笔和颜料。他在画室里呆了一下午，觉得这一切真的很有意思，他对画画产生了兴趣，那一年他 80 岁。

哈里·莱伯曼决定学画画，别人都以为他说笑话，80 岁高龄的人，头昏眼花，能画好吗？他还有多少时间画画呢？但他学了，而且学得很好。哈里·莱伯曼 81 岁的时候，到学校去上绘画课，开始积累绘画知识。他把自己的时间全部倾注在了绘画上。他画得不但好，而且很特别。

1977 年，洛杉矶一家颇有名望的艺术陈列室举办了主题为“哈里·莱伯曼 101 岁”的画展。哈里·莱伯曼的作品被许多收藏家高价收藏，他的作品富有活力和想象力，运笔、意境俱佳，得到了业界高度的评价。

哈里·莱伯曼创造了世界画坛上的奇迹：高龄学画，并且是画有所成。

生活是自己创造的。每个人都会时常面临来自生活、学习、工作和社会的各种各样的问题。我们的处世方法、工作态度、努力程度、思维方式和心态信念等，决定了我们一生的成败。不论干什么，我们都希望自己能够成功，都试图尽量避免失败或走弯路。只要你拥有处世的智慧，便会事业成功、生活顺遂。

哲理篇

第2章

美好生活 美丽心情

学会战胜自己

人的勤奋和态度，在很大程度上由他的生活态度决定。

1. 你比你想象的更强。
2. 不要自我束缚。
3. 让过去的彻底过去。
4. 不要被舆论所左右。
5. 战胜懦弱的思想情绪：

a. 懊悔

b. 担心

c. 怕失败

为了战胜这种畏输的心理，建议你：

- 不要冀望事事拔尖，项项如意，高尔夫球场上稍逊一筹，对你的主要目标算不了什么。
- 设立自己的成功标准，不要为别人所左右，父母希望你某科学习成绩能够最好，你不必太看重它，你完全可以在其他方面成功。
- 你若失败过，别把它当作负担，它是成功之前的投资，我们从失败中学到的东西，往往比成功中学到的更多。
- 正视自己怕失败的心理，找一件想做又做不好的事试试，即使未能如愿以偿也不必懊悔。
- 成功只属于决心把事情进行到底的人。要成功，就别想舒舒服服，没有耐性，吃苦稍长一点就抱怨，那永远不会成功。
- 善于战胜弱点的强者胜于无缺点的弱者，一块有瑕疵的金刚石比无缺陷的砖头更有价值。每个人都有怯懦软弱的时候，强者之所以强，在于他能够战胜自己，并为自己安排更有意义的生活。

26个孩子和一道选择题

凡是伟大的人物从来不承认生活是不可改造的，他也许会对他当时所处的环境不满意，不过他的不满意不但不会使他抱怨和不快乐，反而使他充满一股想闯出一番事业来的热忱。

在新泽西州市郊的一座小镇上，一个由26个孩子组成的班级被安排在教学楼最里面一间很不起眼的教室里。他们中所有的人都有过不光彩的历史，有人吸毒，有人进过少年管教所，有一个女孩子甚至在一年之内堕过3次胎。家长拿他们没办法，老师和学校也几乎放弃了他们。就在这时候，一位叫菲拉的女教师接手了这个班。新学年开始的第一天，菲拉没有像以往的老师那样整顿纪律，先给孩子们一个下马威，而是为大家出了一道题：

现有3个候选人，他们分别是：

A：信奉巫医，有两个情妇，有多年吸烟史，而且嗜酒如命；

B：曾经两次被赶出办公室，每天到中午才起床，每晚都要喝大约1升的白兰地，而且有吸食鸦片的记录；

C：曾经是国家的战斗英雄，一直保持素食的习惯，不吸烟，偶尔喝点酒，但大都只是喝点啤酒，年轻时从未做过违法的事。

菲拉要求大家从中选出一位在后来能够造福人类的人。毋庸置疑，孩子们都选择了C。

然而菲拉的答案却让同学们大吃一惊："孩子们，我知道你们一定认为只有最后一位才是最能造福人类的，然而你们错了，这3个人

富兰克林·罗斯福是美国历史上唯一蝉联四届的总统。被学者评为是美国最伟大的三位总统之一，同华盛顿和林肯齐名。

英国首相温斯顿·丘吉尔是在第二次世界大战期间，带领英国人民取得反法西斯战争伟大胜利的民族英雄。

20世纪，阿道夫·希特勒使大约3500万人丧命。而儿时的他却遵守纪律，成绩优秀，这与他后来的性格形成了极大的反差。

大家都很熟悉，他们是二战时期的3位著名的人物：

A是富兰克林·罗斯福，身残志坚连任四届的美国总统。

B是温斯顿·丘吉尔，英国历史上最著名的首相。

C的名字大家也很熟悉，阿道夫·希特勒，一个夺取了几千万无辜生命的法西斯恶魔。”

孩子们都呆呆地看着菲拉，他们简直不敢相信自己的耳朵。

“孩子们，”菲拉接着说，“你们的人生才刚刚开始，过去的荣誉和耻辱只能代表过去，真正能代表一个人一生的是现在和将来的所作所为。从过去的阴影里走出来吧，从现在开始，努力做自己一生中最想做的事情，你们都将成为了不起的人才……”

正是菲拉的这番话，改变了这26个孩子一生的命运。

如今这些孩子都已长大成人，其中的许多人都在自己的岗位上做出了骄人的成绩，有的做了心理医生，有的做了法官，有的做了飞机驾驶员。值得一提的是，当年班里那个个子最矮的也是最爱捣乱的学生罗伯特·哈里森，今天已经成为华尔街上最年轻的基金经理人。

己所不欲 勿施于人

无论做任何事，我们都要设身处地去为他人着想。正如孔子所言：“己所不欲，勿施于人。”

身为一名尽责的推销商，应有商业道德，不要只为赚取更多的利润，而硬将顾客不需要或品质差的产品推销给他。试想：若你也遭受这种待遇，感受又会如何呢？

这是一个真实的故事，故事发生在非洲某个国家内。那个国家白人政府实施“种族隔离”政策，不允许黑种人进入白种人专用的公共场所。白种人也不喜欢与黑种人来往，认为他们是低贱的种族，避之唯恐不及。

有一天，一位长发的白人小姐在沙滩上晒日光浴，不知不觉中她睡着了。当她醒来时，太阳已经下山了。此时，她觉得肚子很饿，便走进沙滩附近的一家餐馆。

她推门而入，选了张靠窗的椅子坐下。她坐了大约15分钟，也没有侍者前来招呼她。她看着那些招待员都忙着招呼比她来得还晚的顾客，对她则不屑一顾，她顿时怒气满腔，想走向前去责问那些招待员。

当她站起身来，正想走向前质问侍者时，眼前正好有一面大镜子。不看则已，她一看到镜中的自己，眼泪不由夺眶而出。

原来，她的皮肤已经被太阳晒黑了……

此时，她才真正体会到黑种人被白种人歧视的滋味！

无论做任何事，我们都要设身处地去为他人着想，才能浇灌出美丽的生命之花。

美好生活 美丽心情

让自己幸福的10条秘诀

一家把幸福作为研究目标的科研机构得出结论，幸福与年龄、性别和家庭背景无关，而是来自于一份轻松的心情和健康的生活态度。

1. 不抱怨生活

幸福的人不会在“生活为什么对我如此不公平”的问题上作过长时间的纠缠，而是努力去想解决问题的方法。

2. 不贪图安逸

幸福的人总是离开让自己感到安逸的生活环境，幸福有时是离开了安逸生活才会积累出的感觉。

3. 感受友情

友谊所衍生的归属感和团结精神让人感到被信任和充实，幸福的人几乎都拥有团结人的才能。

4. 勤奋工作

专注于某一项活动能够刺激人体内特有的一种荷尔蒙的分泌，它能让人处于一种愉悦的状态。

5. 降低负面影响

少接受一些有关灾难、谋杀或其他的负面消息，这样，无形中就保持了对世界的一份美好乐观的态度。

6. 生活的理想

幸福的人总是不断地树立目标，让自己清楚地知道为什么而生活。

7. 给自己动力

幸福的人能从恐惧和愤怒中获得动力，他们不会因困难而感到沮丧。

8. 规律生活

幸福的人从不把生活弄得一团糟，至少在思想上是条理清晰的，这有助于保持轻松的生活态度。

9. 珍惜时间

幸福的人很少体会到被时间牵着鼻子走的感觉，另外，专注还能使身体提高预防疾病的能力。

10. 心怀感激

幸福的人把注意力集中在能令他们开心的事情上，更多地感受到生命中美好的一面，因为对生活的这份感激，所以他们才感到幸福。

天道酬勤

伟大的成功和辛勤的劳动是成正比的，有一分劳动就有一分收获，日积月累，从少到多，奇迹就可以创造出来。

曾国藩是中国历史上最有影响的人物之一，其实他小时候的天赋并不高。

有一天他在家读书，一篇文章重复了不知道多少遍，还在朗读，因为，他还没有背下来。这时候他家来了一个贼，潜伏在他的屋檐下，希望等读书人睡觉之后捞点好处。可是等啊等，就是不见他睡觉，还是翻来覆去地读那篇文章。贼人大怒，跳出来说：“这种水平读什么书?”然后将那篇文章背诵一遍，扬长而去！

贼人是很聪明，至少比曾先生要聪明，但是他只能成为贼，而曾先生却成为毛泽东主席都钦佩的人：“愚于近人，独服曾文正……”

“勤能补拙是良训，一分辛苦一分才。”那贼的记忆力真好，听过几遍的文章就能背下来，而且很勇敢，见别人不睡觉居然可以跳出来“大怒”，教训曾先生之后还要背书，扬长而去。但遗憾的是，他名不见经传，曾先生后来启用了一大批人才，按说这位贼人与曾先生有一面之交，大可去施展一二，可惜，他的天赋没有加上勤奋，变得不知所终。

曾国藩生于嘉庆十六年十月十一日，父亲曾麟书是塾师。他自科举出身，是道光十八年（1838年）进士，曾任各部侍郎。1853年他凭借清政府给予寻求力量镇压太平天国的时机，在其家乡湖南一带，依靠师徒、亲戚、好友等复杂的人际关系，建立了一支地方团练军，称为湘军。作为一支地方官僚的私人武装，湘军在军事素质落后的清朝武装力量中成为中国南方地区与太平天国军事力量作战的主力之一。

曾国藩本人善于运用人才，清朝另外一些名臣如左宗棠、李鸿章都与他有密切关系。左宗棠、李鸿章等称呼曾国藩为老师。

同治十一年二月初四曾国藩在南京病逝。朝廷赠太傅，谥文正。其家族后代多出官宦，如曾纪泽等。

本文主人公

成功永远需要自己努力

人要学会走路，就免不了要经过许多次摔跤，而且，只有经过多次摔跤，人才能学会走路。人要想获得幸福，取得成功，就不能厌倦从失败中爬出，也不要懈怠，从竞争中崛起。

从前，有一个四周都残缺的形体，像是被人抛弃般地躲在一个角落里，它终日郁郁寡欢地躺在那里，等着别人来跟它合并，来弥补它的棱角，好让它能继续向前滚动。时间就这样在等待中一天一天地过去了，可它望穿秋水也没有等到弥补棱角的形体的到来。

有一天，它看到一个大圆球向它滚来，它向大圆球诉苦："你可怜可怜我吧！你就是我日夜所期盼的啊！我一定是你残缺的形体吧！"

大圆球笑着说："我本身就很圆满啊！从没失落什么角！"

残缺的形体哀求着说："让我和你融为一体！带我走吧!"

大圆球很无奈地说："你为什么不自己走呢?"

残缺的形体说："我自己不会走，因为我根本无法滚动啊！"

大圆球说："我以前也跟你一样，有棱有角的。请问你努力过吗?"

残缺的形体说："我也曾经努力过啊！可是我一动就会摔倒。"

大圆球专注地说："努力不一定会成功！"然后停了下来，又语重心长地说，"但是，成功却永远需要自己努力!"大圆球滚动着离开了，留下残缺的形体独自深思。

残缺的形体开始尝试着滚动，一次次摔倒，又一次次爬起，它的棱角渐渐被磨圆。终于，残缺的形体变成了一个小圆球，可以自如地向前滚动了。

穿透灵魂的微笑

死神可以夺去人的生命，却永远夺不去生死关头那个V字所蕴含的信念和精神！穿透灵魂的微笑，常常在生命边缘蕴含着震撼世界的力量，让人生所有的苦难如轻烟般飘散。

非洲的一座火山爆发后，随之而来的泥石流狂泻而下，迅速流向坐落在山脚下不远处的一个小村庄。农舍、良田、树木，一切的一切都没有躲过被冲毁的劫难。

滚滚而来的泥石流惊醒了睡梦中的一个14岁的小女孩。流进屋内的泥石流已上升到她的颈部，小女孩只露出双臂、颈和头部。及时赶来的营救人员围着她一筹莫展，因为对遍体鳞伤的她来讲，每一次拉扯无疑都是一种更大的肉体伤害。

此刻房屋早已倒塌，她的双亲也被泥石流夺去了生命，她是村里为数不多的幸存者之一。

当记者把摄像机对准她时，她始终没叫一个疼字，而是咬着牙微笑着，不停地向营救人员挥手致谢，两手做出表示胜利的“V”字形。她坚信政府派来的救援部队一定能救她，可是，营救人员倾尽全力也没能从固若金汤的泥石流中救出她来。

小女孩始终微笑着，挥着手，一点一点地被泥石流淹没。

在生命的最后一刻，她脸上洋溢着微笑，而且手臂一直保持着“V”字形，那一刻仿佛一个世纪，在场的人含泪目睹了这庄严而又悲惨的一幕。

世界静极，只见灵魂独舞。

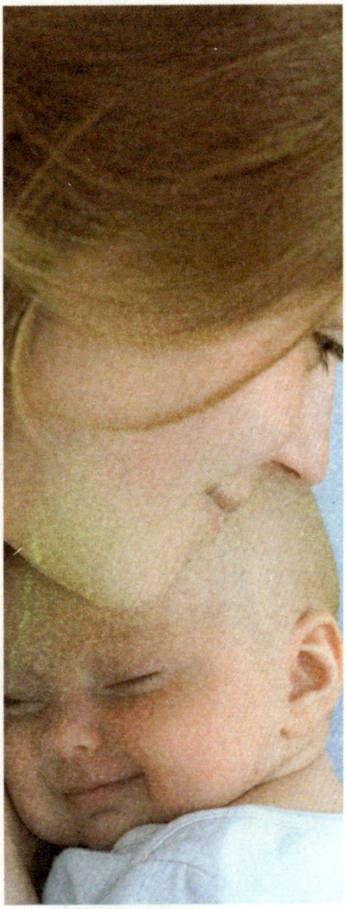

孩子和母亲的微笑，永远是世界上最纯净、最温暖的笑容。

刺猬的死穴

这个故事并不是让大家把自己层层包裹起来，不去交朋友，不去倾诉。它只是说，关系到自己正常生活乃至生命的秘密如果说了，又被传了出去，就不要怨恨朋友出卖了你，因为第一个说出这个秘密的人是你自己。自己都不能替自己保守的秘密，又怎能要求别人替你保守呢？

森林里，狐狸垂涎刺猬的美味很久了，但一直苦于刺猬的一身硬刺——只要狐狸一靠近，刺猬便蜷成一个大刺球，让狐狸一点办法都没有。

刺猬和乌鸦是好朋友。一天，刺猬和乌鸦聊天，乌鸦很羡慕刺猬有这么好的铠甲，刺猬经不起乌鸦的吹捧，忍不住对乌鸦说："其实，我的铠甲也不是没有弱点。当我全身蜷起时，在腹部还有一个小眼儿不能完全蜷起。如果朝着这个眼儿吹气的话，我受不了痒，就会打开身体。"

刺猬说完后，对乌鸦说："我这个秘密只跟你说过，你可千万要替我保密，要传出去被狐狸知道了，那我就死定了。"

乌鸦信誓旦旦地说："放心好了，你是我的好朋友，我怎么会出卖你呢？"

没过多久，乌鸦落在了狐狸的爪下。就在狐狸要吃掉乌鸦的时候，乌鸦突然想到了刺猬的秘密，便对狐狸说："狐狸大哥，听说你很想尝尝刺猬的美味，如果你放了我，我就告诉你刺猬的死穴。"

看似完美的保护，其实同样有弱点。

狐狸眼珠子一转，便放了乌鸦，乌鸦便对狐狸说出了刺猬的秘密。

后果可想而知。在刺猬被狐狸咬住柔软的腹部时，它绝望地说："乌鸦，你为什么出卖朋友？"

美好生活 美丽心情

一生的计划

成功就是一个人事先树立的有价值的目标被循序渐进地变为现实的过程。这一过程因平衡得以坚固，因信念而具有意义。

1. 建立一种神圣的信仰
   摆脱你原来所走的道路，让信仰成为你生活中的最高目标和价值！
2. 建立一个“黄金时辰”
   每天早上给自己留下30分钟的黄金时间，让自己投身于沉思和制订计划之中。
3. 让你的目标成为坚实的整体
   把你想实现的目标具体化，并且将这些目标置于每天的日程安排中。
4. 拟订一个行动计划
   起草一份你想实现的目标蓝图，并且确定实现它的时间表。
5. 发展一种强烈的欲望
   对你在生活中想要获得的东西的欲望，将极大地激发你去行动。
6. 保持对你自己的信心
   只要你相信你能够，你就确实能够实现任何事情。你拥有上天给予的才能，充分运用它们！
7. 在任何时候都决不放弃
   一个无视一切压力和困难而始终坚韧不拔的人，是不会让成功从自己面前溜走的。有力量坚持下去就能够获得最后的成功。

给别人留有余地，就是给自己留下生机

在收获的季节里，别忘了留一些柿子在树上，因为，给别人留有余地，往往就是给自己留下了生机与希望。

韩国北部的乡村公路边常常会有很多柿子园。金秋时节来这里，随处可见农民采摘柿子的忙碌身影，成熟的柿子先被摘下，未熟透的柿子依然要留在树上，直到成熟之后再进行采摘，但是，整个采摘过程结束后，有些熟透的柿子也不会被摘下来。

这些留在树上的柿子，成为一道特有的风景，一些游人在经过这里时，都会说，这些柿子又大又红，不摘岂不可惜。但是当地的果农则说："不管柿子长得多么诱人，也不会摘下来，因为这是留给喜鹊的食物。"

任何人都这样认为，果农用柿子喂喜鹊，真是太傻了！

这时，车上的导游给大家讲了一个故事：

这里是喜鹊的栖息地，每到冬天，喜鹊们都在果树上筑巢过冬。有一年冬天，天特别冷，下了很大的雪，几百只找不到食物的喜鹊一夜之间都被冻死了。第二年春天，柿子树重新吐绿发芽，开花结果了。但就在这时，一种不知名的毛虫突然泛滥成灾。柿子刚刚长到指甲大小，就都被毛虫吃光了。那年秋天，这些果园没有收获到一个柿子。直到这时，人们才想起了那些喜鹊，如果有喜鹊在，就不会发生虫灾了。从那以后，每年秋天收获柿子时，人们都会留下一些柿子，作为喜鹊过冬的食物。留在树上的柿子吸引了很多喜鹊到这里度过冬天，喜鹊仿佛也会感恩，春天也不飞走，整天忙着捕捉果树上的虫子，从而保证了这一年柿子的丰收。

豁达的小姑娘

如果所有的人都能以纯真的心来面对世界，那么，纷争与悲剧很快就会终止。

有一对小姐妹每天放学后，一定会一起到学校附近的便利商店逛逛。

姐姐外表看起来文文静静，但脾气却异常火爆，每次到店里来，总会见到她严厉地对妹妹进行“教育”，最常听见的有：“你是笨蛋吗？这个快要到期了，还拿。”要不然就是：“你是白痴呀！明明写买一送一，你还只拿一个。”更狠的还有：“你傻了吗，金额超过了你不会算吗？”

好朋友间要想和谐相处，豁达必定是最必要的条件。

那个挨骂的妹妹，居然一声也不吭的任由姐姐骂，还依然气定神闲地挑选她想要的东西，丝毫不受影响。

又是一天的放学时间，但令人意外的是只有妹妹一个人来，那个泼辣的姐姐不在。便利店的店员阿姨和她聊起天来：

“妹妹，今天怎么只有你一个人？”

“姐姐感冒了，所以请假。”

“你姐姐看起来好像很凶喔！”

“还好啦！不要理她就好了。”妹妹在卖场逛着，神情相当愉快。

“可是她每天都那样骂你，你不生气吗？”

“被骂一下又不会痛，无所谓的。”妹妹嘟嘟嘴。

“阿姨，我要买这个。”妹妹拿着一支冰棒到柜台来结账，店员阿姨一看正好是促销品，于是对她说：“妹妹，这个现在买一送一喔！你可以再去拿一支。”她却对店员阿姨说：“可是我现在只想吃一支就好，另外一支就送给别人好了。”说完，挥挥手走了。

美好生活 美丽心情

人生中有力的10种情绪

1. 爱与温情　任何负面的情绪在与爱接触后，就如冰雪遇上了阳光，很容易就消融了。只要你有足够的爱心，就可以成为全世界最有影响力的人。

2. 感恩 一切情绪之中最有威力的便是爱心，但它以不同的面貌呈现出来。如果我们常心存感恩，人生就会过得再快乐不过了。

3. 好奇心 如果你不希望人生过得那么乏味，那就在生活中多带些好奇心；如果你有好奇心，那么便会发现生活中处处都有奥妙之处，你就能更好地发挥潜能。

4. 振奋与热情 要想成为伟人，唯一的途径便是做任何事都得抱有热情，千万别浑浑噩噩地过日子，那样不仅生活会过得乏味，人生也会充满了贫瘠。

5. 毅力 毅力能够决定我们在面对困难、诱惑时的态度，看看我们是倒了下去还是屹立不动。

6. 弹性 要保证任何一件事能够成功，保持弹性的做事方法绝不可少。要你选择弹性，其实也就是要你选择快乐。芦苇就是因为能弯下身，所以才能在狂风肆虐中生存，而榆树就是想一直挺着腰杆，结果被狂风吹折。

7. 信心 要想建立信心有个办法，那就是不断练习去使用它。如果有人问你是否有信心能把鞋带系好？相信你会以十足的信心回答说：没问题！为什么你敢说得那么肯定？只因为你做过这件事已经成千上万次了。

8. 快乐 要想在脸上表现出快乐的样子，并不是说要你不去理会所面对的困难，而是要知道学会如何保持快乐的心情，那样就有可能改变你生活中的许多事情。只要你能脸上常带笑容，就不会有太多的行动信号引起你痛苦。

9. 活力 如果你不能好好照顾自己的身体，那就很难享受到拥有它的快乐。你要经常注意自己是否活力充沛，因为一切情绪都来自于你的身体。

10. 服务 生活的秘诀就在于给予。一个能够不断独善其身并兼济天下的人，必然是因他明白人生的意义，那种精神不是金钱、名誉、夸奖所能比的。

美好生活　美丽心情

花贩的哲学

1．有一位花贩说，

几乎所有的白花都很香，越是颜色艳丽的花越是缺乏芬芳。

他的结论是：人也一样，愈朴素单纯的人，愈有内在的芳香。

2．有一位花贩说，

夜来香其实白天也很香，但是很少闻得到。

他的结论是：因为白天人的心太浮了，闻不到夜来香的香气。

如果一个人白天的心也很沉静，就会发现夜来香、桂花、七里香，在酷热的中午它们也是香的。

3．有一位花贩说，

清晨买莲花一定要挑那些盛开的。

结论是：早上是莲花开放最好的时间。

如果一朵莲花早上不开，可能中午和晚上都不开了。

看人也是一样，一个人在年轻的时候没有志气，中年或晚年就更难有志气了。

4．有一位花贩说，

越是昂贵的花越容易凋谢，那是为了要向买花的人说明：要珍惜青春呀，因为青春是最名贵的花，最容易凋谢。

5．有一位花贩说，

每一株玫瑰都有刺，正如每一个人的性格中，都有你不能容忍的部分。

爱护一朵玫瑰，并不是得努力把它的刺根除，只能学习如何不被它的刺刺伤。

还有，如何不让自己的刺刺伤心爱的人。

点燃思考：其实，生活就像洋葱，一片一片地剥开，总有一片会让我们流泪。我们最初的追寻，是为了什么？要寻找多久？能不能最终得到，是不是真的有那么重要？

没被改写的人生

做事先做人，最珍贵莫过一诺千金。

他出生在香港的一个贫困家庭，很小就被家人送到戏班。那时，演戏是下九流的行当，只有走投无路的穷苦人家才会这么做。

按照旧时梨园行的规矩，父亲同戏班签了生死状，在约定期限内，他的生杀大权都在师傅手中。戏班里的管教异常严厉，本该在父母膝下承欢的年纪，他却在师傅的鞭子与辱骂下练功，吃尽苦头。时间不长，他就偷偷跑回了家，父亲勃然大怒，坚决叫他回去："做人应当信守承诺，已经签了合同，决不能半途而废。咱们人虽穷，志不能短！"他只好重新回到戏班，刻苦练功，这一练就是十几年。

当年力捧成龙的香港导演罗维给他取艺名"成龙"，除了包含中国人"望子成龙"的美意外，也希望他能成为像李小龙一样成功的巨星。

他终于学有所成，戏曲行业却一落千丈，他空有一身本事，却毫无用武之地。当时香港电影业正在迅速发展，但是男影星都是貌比潘安，威武雄壮。个子不高、大鼻子、小眼睛的他，怎么在电影界混呢？

经人介绍，他进了香港邵氏片场，做了一个"臭武行"（跑龙套）。他扮演的第一个角色居然是一具“死尸”。苦点累点不算什么，更要命的是，跑龙套的没有尊严，时常遭人百般刁难，冷嘲热讽。在那样的环境里，他没有怨天尤人，依然刻苦勤奋。由于学得一身好功夫，为人厚道，几年下来，他逐渐担当主角，小有名气，每月能拿到3000元薪水。

有一天，业内的何先生约他出去，请他出演一个新剧本的男主角，“除了应得的报酬，由此产生的10万元违约金，我们也替你支付。”何先生说完强行塞给他一张支票，匆匆离去。

他仔细一看，支票上竟然签着100万元，好一笔巨款！他从小受尽苦难，尝遍艰辛，不就是盼望能有这一天吗？可转念一想，如果自己毁约，手头正拍到一半的电影就要流产，公司必将遭受重大损失。于情于理，他都不忍弃之而去。一宿难眠，次日清晨，他找到何先生，退还了支票。何先生很是意外，他则淡淡地说：“我也非常爱钱，但是不能因为100万元就失信于人，大丈夫当一诺千金。”何先生非常欣赏这位年轻人，他的事情也很快传开了。公司得知非常感动，主动买下了何先生的新剧本，交给他自导自演。就这样，他凭借电影《笑拳怪招》创造了当年的票房纪录，大获成功。

那年他才22岁，全香港都认识了他——成龙。

从影30多年来，成龙一直都很拼命，重伤29次，却从未趴下，拍了80多部电影，在全世界拥有2.9亿铁杆影迷，还是唯一一位把手印、鼻印留在好莱坞星光大道上的中国演员。

成龙生于1954年，父母是从山东逃难到香港时相识的。由于成龙是在香港出生，父母为纪念他们逃难平安而且是在香港生的儿子，所以取名陈港生。

1961年成龙拜当时京剧大师于占元为师，得第一个艺名“元楼”，和洪金宝、元奎、元彪等合称“七小福”，随后以“陈元龙”开始武师工作。1971年，参与李小龙《精武门》特技工作，随后被导演罗维看中，取艺名“成龙”，从1976年《新精武门》开始担任继承李小龙形象。1978年吴思远导演的《蛇形刁手》及《醉拳》终于令成龙一飞冲天，也锻造了活泼精灵、喜剧动作的武打风格。80年代成龙拍摄的《师弟出马》、《A计划》、《警察故事》等一系列作品称霸亚洲。

90年代成龙再次进军好莱坞，跃居一线国际巨星，成为华人电影的骄傲。

本文主人公

哪儿有爱，哪儿就有财富和成功

世间哪儿有爱，哪儿就会有财富和成功的身影；而一个缺乏爱的人或团队，是很难谈得上什么财富和成功的。

一位妇人走到屋外，看见前院坐着 3 位长着又长又白胡须的老人。虽然她并不认识他们，但是依然十分友好地对他们说：“也许我们并不熟悉，但是我想你们应该很饿了，请进来吃点东西吧。”

“家里的男主人在吗？”老人们问。

“不在，”妇人说，“他出去了。”

“那我们不能进去。”老人们回答说。

傍晚，丈夫回到家里，妇人将事情的经过告诉了他。丈夫说：“告诉他们我在家里了，请他们进来吧！”

于是，妇人将 3 位老人请进屋内。

“我们不可以一起进一个房屋。”老人们异口同声地说。

“为什么呢？”妇人感到迷惑不解。

其中一位老人指着他的一位朋友说：“他的名字是财富。”然后又指着另外一位说：“他是成功，而我是爱。”接着又补充说：“你现在进去和你丈夫商量一下，要我们其中的哪一位到你们的家里。”

妇人进去告诉了丈夫，丈夫非常兴奋地说：“那赶快邀请‘财富’进来！”

妇人却表示不同的意见：“亲爱的，为什么不邀请‘成功’进来呢？”

他们的儿媳妇在屋内的另一个角落听见了他们的谈话，并提出自己的意见：“我想应该先邀请‘爱’进来。”

思考了一下，丈夫对妇人说：“就照儿媳妇的意见吧！”于是，妇人又来到屋外，问道：“请问哪位是‘爱’？”

“爱”起身朝屋子走去，另外两位老人也跟着他一起进入屋内。妇人惊讶地问“财富”和“成功”：“我只邀请‘爱’，怎么连你们也一道来了呢？”

老人们齐声回答：“如果你邀请的是财富或成功，另外二人都不会进来的，而你邀请爱的话，那么无论爱走到哪里，我们都会跟随。”

农夫和宝镜

同样的一件事情，在不同的人眼中，却有着不同的意义。很多人往往只看重事情的结果，而对动机和过程全然不顾。但有一点必须明白：所有的追求都会有结果，但并非所有的结果都会是成功。没有梦想和追求的人，也许不会有大的痛苦也不会失去什么，但他也永远不会有激情的快乐和收获的幸福。

一个年轻的农夫正在田里耕地，突然看到离他不远的地方，有一团东西在闪闪发光，于是他丢下牛和犁，向那闪光的地方跑去。他想弄清那闪光的是什么，是不是传说中的宝镜。

当他来到闪光的地方时，那团闪光的东西没有了。他四处找寻，发现那东西又在前面不远的地方闪耀着，于是，他又追了过去……

如此，年轻的农夫追逐着那团闪光的东西，不知不觉已追出了很远。当太阳被一片乌云遮住时，闪亮的光团消失了，他失望地往回走。可他到自己耕种的田头一看，让他痛哭失声，原来在他去追赶“宝镜”的时候，他的牛和犁具都被人偷走了。

年轻的农夫万分沮丧，天黑后回到家中，对父亲讲了自己的经历。父亲暴跳如雷，狠狠地痛骂他：“你是一个农夫，就该安心种地，而不是去追逐别的东西。现在，你没有得到宝镜，却把牛和犁具弄丢了，你真是个没用的人。滚吧！不要再呆在这个家中，去继续追求你的宝镜吧！”

年轻的农夫准备离家出走，去寻找别的生活门路。这时他的母亲走过来，一边为他准备行装，一边对他说：“孩子，别难过。其实你并没有错呀。你如果得到了宝镜，所有的人，包括你的父亲，都会夸奖你、称赞你的。现在，你虽然丢失了牛和犁具，又没得到宝镜，但并不能说宝镜就不存在。孩子，去寻找吧！只要寻找，就会有希望的。”

无论做什么都要专心致志，三心二意只会一事无成。

人生需要一点幽默

幽默是健全的嬉笑，会心的微笑，就像一个疲乏的长途旅行者中途停下来，喝一杯清凉的饮料一样，从而获得令心神清爽的休息。有的时候人生是需要一点幽默的，这样可以保持健康，还可以长寿，何乐而不为呢？

乔治·古希尔是美国一位以祝辞出名的演说家，他的明快与风趣，往往会将宴会推向一个出人预料的高潮，使宾主尽欢。

乔治·古希尔一生不知为多少宴会致过祝酒辞，为多少婚礼致过祝福辞，但令他记忆最深的却是两次十分意外的致辞。

一次，古希尔被人强行请往芝加哥一家酒店，一位名叫洛伊·史密斯的无赖在此举行宴会，他手下的兄弟为给这位无赖大哥助兴，便临时拉了乔治·古希尔来为宴会致辞。从这帮无赖口中，古希尔既了解不到史密斯的生平，也了解不到这次宴会的动机与目的，他得到的唯一的回答就是：“他是一个重要人物。”简直是两眼一抹黑，就被推上了宴会厅。在聚光灯下，脑中一片空白地看着那些开怀畅饮的陌生面孔由餐桌继而转向了他，古希尔强作镇定地猛吸一口雪茄，然后用力吐出烟雾，就在这团小小的烟雾中，古希尔开口祝辞：

“各位先生，这是一场我一生中从未经历过的别样的宴会，我是多么的蠢笨而荣幸，躬逢盛会，而且有机会向所有熟识洛伊·史密斯的朋友再次介绍史密斯先生！

“各位先生，你们知道吗？是谁横渡了德拉瓦河？是谁解放了黑奴？又是谁发明了电？也许，这些都不是史密斯先生，但是，这并不妨碍我们坚信，假如给了史密斯先生这样的机会，他是足以完成这些丰功伟业的。谢谢诸位！”

致辞完毕，掌声四起。

另一次，是在一对新人的婚礼舞会上，古希尔与朋友偶经此地，看着两个幸福的年轻人，古希尔忍不住走向那对新人及其亲属，发表了他所有祝辞中最简短的一次：“这是多么美好的一天啊！世界上又少了一对孤独的人！”

要获得，就需要付出时间和努力

有很多人像寓言中的流浪汉一样做着发财梦，他们从不指望自己的努力，只是沉浸在美梦中，等待上帝把财富送到手中。

上帝果然是万能的，答应了他们的请求，但是，前提是：需要等一万年。

天下没有免费的午餐，任何事情都不是唾手可得的，财富也一样，不会从天而降，要获得财富就需要付出时间和努力。

喜剧大师卓别林在《淘金记》中塑造的做着发财梦的流浪汉。

有个很懒惰的流浪汉，整天做着发财美梦。他总是在想，如果有一天自己成了百万富翁，一定要坐全世界最豪华的游艇周游世界，因为他喜欢大海。

有一天，上帝来到他面前，说："年轻人，我可以回答你两个问题，并满足你一个愿望，不过你要仔细想好了再说。"

流浪汉听了十分高兴，他想，发财的机会终于来了。他仔细地想了一会，然后问上帝："一万年对您来说，是多长时间？"

上帝回答说："像一分钟。"

"那么一千万美元对您来说是多少钱？"流浪汉又问道。

"就像一美元。"上帝笑着说，"你的问题已经问完了，你有需要我帮你满足的愿望吗？"

"我的愿望非常简单，给我一千万美元吧，它对您来说只是一美元啊！"流浪汉兴奋起来，好像自己已经坐上了豪华游艇，开始了自己梦寐已久的环球旅行。

上帝看着他，笑着说："这太简单了，你只需要等我一分钟。"

流浪汉的眼神慢慢地暗淡下去，是啊，那对他来说可是一万年哪！

美好生活　美丽心情

五个经典启示

1. 单纯的喜悦

有一个小女孩每天都从家里走路去上学。一天早上天气不太好，云层渐渐变厚，到了下午时风吹得更急，不久开始闪电、打雷、下大雨。

小女孩的妈妈很担心，她担心小女孩会被打雷吓着，甚至被雷击到。

雨下得越来越大，闪电像一把锐利的剑刺破天空，小女孩的妈妈急忙开着她的车，沿着上学的路线去找小女孩。当她看到自己的小女儿一个人走在街上，却发现每次闪电时，她都停下脚步，抬头往上看，并露出微笑。

看了许久，妈妈终于忍不住叫住她的孩子，问她说："你在做什么啊?"

她说："上帝刚才帮我照相，所以我要笑啊!"

默想：当你害怕打雷的时候，你会怎么做呢?

2. 失去与拥有

有位企业家在商场上有着惊人的成就。当他在事业达到巅峰的时候，有一天他陪同他的父亲，到一家高级餐厅用餐，现场有一位琴艺不凡的小提琴手正在为大家演奏。这位企业家在聆赏之余，想起当年自己也曾学过琴，而且几乎为之疯狂，便对他父亲说："如果我从前好好学琴的话，现在也许就会在这儿演奏了。"

"是呀，孩子。"他父亲回答，"不过那样的话，你现在就不会在这儿用餐了。"

默想：我们常为失去的机会或成就而嗟叹，但往往忘了为现在所拥有的感恩。

3. 知道自己"有限"的聪明

有一个聪明的男孩，有一天妈妈带着他到杂货店去买东西，老板看到这个可爱的小孩，就打开一罐糖果，让小男孩自己拿一把糖果，但是这个男孩却没有任何的动作。

几次邀请之后，老板亲自抓了一大把糖果放进他的口袋里。回到家中，母亲很好奇地问小男孩，为什么没有自己去抓糖果而要老板抓呢?

小男孩回答得很妙："因为我的手比较小呀！而老板的手比较大，所以他拿的一定比我拿的多很多!"

默想：这是一个聪明的孩子，他知道自己的有限，而更重要的，他也明白别人比自己强。凡事不只靠自己的力量，学会适时地依靠他人，是一种谦卑，更是一种聪明。

4. 听的艺术

美国知名主持人林克莱特一天访问一位小朋友，问他说："你长大后想要做什么呀？"

小朋友天真地回答："嗯……我要当飞机的驾驶员！"

林克莱特接着问："如果有一天，你的飞机飞到太平洋上空时所有引擎都熄火了，你会怎么办？"

小朋友想了想："我会先告诉坐在飞机上的人绑好安全带，然后我再挂上我的降落伞跳出去。"

当现场的观众笑得东倒西歪时，林克莱特继续注视这个孩子，想看他是不是自作聪明的家伙。没想到，接着孩子的两行热泪夺眶而出，这才使得林克莱特发觉这孩子的悲悯之情远非笔墨所能形容。于是林克莱特问他说："为什么要这么做？"

小孩的答案透露出一个孩子真挚的想法："我要去拿燃料，我还要回来！我还要回来！"

默想：你听到别人说话时，你真的听懂他说的意思吗？你懂吗？如果不懂，就请听别人说完吧，这就是"听的艺术"。

5. 你真的可以很自在

有人问什么叫做自由，所谓的自由就是：你想要拒绝一个人的约会，已经不需要任何理由，你有权利过自己要过的生活，有权利去自己要去的地方。其实生活很简单。

男人跟女人都很喜欢在自己的人生设一个 deadline（期限），比如说：我 25 岁一定要结婚，26 岁一定生孩子，30 岁时一定要一儿一女，31 岁的时候一定要有房子……所以很多决定就很草率。如果刚开始你找的那个人就不对，往后再怎么努力都不对。有时候，我们常常会觉得婚结了，所有问题就没了，那如果结了婚还有问题，就赶快把小孩生出来，其实你的问题在这个阶段没解决，在下个阶段只会变大。

你对未来不用期待太多，期待太多则挫折感会很深，不如看看你现在做什么事情，会让你觉得很自在，吸收到很多的东西，那个时候你才会觉得人生真的很充实。

默想：一个人如果太努力在活给别人看，就会痛苦得不得了，今天如果你相信自己做得还不错，不在乎别人怎么看你的时候，你真的可以很自在。

一枚闪亮的硬币

对一个陷入困境的人施舍，只能使其得到一时的慰藉。然而更重要的是，我们应该使其意识到自己的尊严和价值——只有使他们充分相信自己，他们才有决心和勇气去摆脱面前的困境，迎来他们希望的天空。

石油大王约翰·洛克菲勒是美国 19 世纪的三大富翁之一。他一生至少赚了 10 亿美金，捐出的就有 7.5 亿。他虽然拥有亿万家产，但他平时花钱却十分节俭。

有一天，洛克菲勒陪朋友到一家熟识的餐厅去用餐。在那家餐厅附近，他遇见一个年轻的乞丐。那个乞丐拉着小提琴，向行人乞讨。洛克菲勒一下子被那美妙的音乐吸引住了，他走过去聆听了一会儿，然后，他满意地点了点头说：“年轻人，你很有音乐天赋，不应该靠乞讨度日。”

乞丐觉得眼前这个老人很面熟，好像经常在一些废弃的报纸上看到他。

乞丐惊讶地问：“您是？”

洛克菲勒笑着说：“洛克菲勒，一个靠搬运油桶谋生的老头儿。”

顿时，乞丐有种受宠若惊的感觉。

约翰·洛克菲勒发展史

约翰·洛克菲勒是美国实业家、美孚石油公司创办人。出生在美国东北部的一个小镇子里，家境贫寒。幼年时，曾将别人送他的一对火鸡精心喂养成群，挑好的在集市上出售。12岁时积蓄了50美元，他把钱借给邻居，收取本息。在克利夫兰商业学校毕业后，曾任一家运输公司会计，三年积蓄900美元。他未参加南北战争，却在战争中赚取了1.7万美元。他沉默寡言，把全部精力倾注在金钱上。1870年，他把两家炼油厂和石油输出商行合并，创建了俄亥俄美孚石油公司。此后不到两年的时间，他就吞并了该地区二十多家炼油厂，控制该州90％的炼油业、全部主要输油管及宾夕法尼亚铁路的全部油车。他又接管新泽西一铁路公司的终点设施，迫使纽约、匹兹堡、费城的石油资本家纷纷拜倒在其脚下。结果，在8年内，美孚石油公司炼油能力从占全美4％猛增到95％。美孚石油公司几乎控制了美国全部工业和几条大铁路干线。

从约翰·洛克菲勒成为美国历史上的第一个10亿富翁，到现在已经经历了一个多世纪的洛克菲勒家族，仍在续写着辉煌的历史，他们没有整天躲在房间里计划如何守住自己的财富，不让金钱落入别人的口袋，而是积极参与文化、卫生与慈善事业，怀着富有的负罪感将大量的资金用来建立各种基金，投资大学、医院，让整个社会分享他们的财富。在今天的美国，要完全躲避这个家族的影响几乎是不可能的，毫不夸张地说，洛克菲勒家族在过去150年的发展史就是整个美国历史的一个精确的缩影，并且已经成为美国国家精神的杰出代表。

1912年约翰·洛克菲勒（右）和他的父亲老约翰·洛克菲勒（左）

接着，洛克菲勒从衣兜里掏出一张纸币递给那个乞丐，不小心将一枚硬币带了出来。那枚硬币在地上划了一个圈后，滚落在乞丐身后的排水沟里。洛克菲勒连忙走过去，俯身将那枚硬币捡起来，然后仔细擦去上面的灰尘。

那个乞丐诧异地问："洛克菲勒先生，如果我像您那么有钱的话，根本不会在乎那枚硬币的。"

洛克菲勒好像开玩笑地说："也许，这就是你至今仍在乞讨的原因吧。"

就在洛克菲勒转身离开时，那个乞丐疾步追了上去，嗫嚅道："洛克菲勒先生，我想用您给我的这张整票换那一枚硬币。"

洛克菲勒很高兴地与他交换了，并且还拍了拍乞丐的肩膀。

几年后，洛克菲勒应邀去参加一个音乐演奏会。在演奏会结束时，一位年轻的小提琴家急匆匆赶到洛克菲勒面前，异常感激地说："洛克菲勒先生，您还记得那一枚硬币吗？"说着，他从贴胸的口袋里摸出一枚闪亮的硬币。

洛克菲勒也开心地大笑起来说："迄今为止，这是我知道的一枚最有价值的硬币！"

约翰·洛克菲勒（1839—1937），美国的石油大王，洛克菲勒财团的创始人。1839年约翰·洛克菲勒出生于纽约州哈得孙河畔的一个小镇。其祖上是法国南部人，为了逃脱政治迫害，才来到新大陆创立自己的事业。到洛克菲勒这一辈，已经是好几代了。

1853年，约翰·洛克菲勒从纽约州里奇福德迁往克利夫兰，开办经营干草、肉类等的代办所。1863年，建立第一个炼油厂，后专营石油业。1870年与人合办埃克森—美孚石油公司，至1880年，几乎垄断整个石油业，并形成美国第一个大托拉斯。1892年，法院裁定美孚石油托拉斯为非法垄断企业，他被迫将财产转到各个分公司名下，但仍由原董事会集中经营。1899年，又将分公司联合成立新泽西美孚石油公司。在他生前聚敛了大量的财富，曾捐款建立芝加哥大学及一些慈善机构。

此外，洛克菲勒还创办了不少福利事业帮助黑人。

本文主人公

认真思考别人提出的问题

生活中，许多看似复杂的东西，都是由非常简单的要素组成的。我们不仅要看现象，更要透过现象抓住本质，这样才能把握生活。

有成就的人往往喜欢思考，他们经常问“为什么”，而且对别人提出的问题也非常关注。

1921 年，印度科学家拉曼在英国皇家学会上做了声学与光学的研究报告，取道地中海乘船回国。甲板上漫步的人群中，一对印度母子的对话引起了拉曼的注意。

“妈妈，这个大海叫什么名字?

拉曼(右一) 给学生上课。

“地中海!”

“为什么叫地中海?”

“因为它夹在亚欧大陆和非洲大陆之间。”

“那它为什么是蓝色的?”

年轻的母亲一时语塞，求助的目光正好遇上了在一旁饶有兴味倾听他们谈话的拉曼。拉曼告诉男孩：“海水所以呈蓝色，是因为它反射了天空的颜色。”

在此之前，几乎所有的人都认可这一解释。它出自英国物理学家瑞利勋爵，这位因发现惰性气体而闻名于世的大科学家，曾用太阳光被大气分子散射的理论解释过天空的颜色。并由此推断，海水的蓝色是反射了天空的颜色所致。

但不知为什么，在告别了那一对母子之后，拉曼总对自己的解释心存疑惑，那个充满好奇心的稚童，那双求知的大眼睛，那些源源不断涌现出来的“为什么”使拉曼深感愧疚。作为一名训练有素的科学家，他发现自己在不知不觉中丧失了男孩那种到所有的“已知”中去追求“未知”的好奇心，不禁为之一震!

拉曼回到加尔各答后，立即着手研究海水为什么是蓝的，发现瑞利的解释实验证据不足，令人难以信服，决心重新进行研究。

他从光线散射与水分子相互作用入手，运用爱因斯坦等人的涨落理论，获得了光线穿过净水、冰块及其他材料时散射现象的充分数据，证明出水分子对光线的散射使海水显出蓝色的机理，与大气分子散射太阳光而使天空呈现蓝色的机理完全相同。进而又在固体、液体和气体中，分别发现了一种普遍存在的光散射效应，被人们统称为“拉曼效应”，为 20 世纪初科学界最终接受光的粒子性学说提供了非常有力的证据。

1930 年，地中海轮船上那个男孩的问题，把拉曼领上了诺贝尔物理学奖的奖台，成为印度也是亚洲历史上第一位获此项殊荣的科学家。

拉曼（1888—1970），1888年11月7日出生于印度南部的特里奇诺波利，父亲是一位大学数学、物理教授，自幼对他进行科学启蒙教育，培养他对音乐和乐器的爱好。他天资出众，16岁大学毕业，以第一名的成绩获物理学金奖，19岁又以优异的成绩获硕士学位。

1928年2月28日，拉曼发现了反常散射，此消息传遍世界，引起了强烈反响，许多实验室相继验证，证实并发展了他的结果。1928年，关于“拉曼效应”的论文就发表了57篇之多。科学界对他的发现给予了极高的评价。

拉曼是印度人民的骄傲，也为第三世界的科学家作出了榜样，他大半生生活于独立前的印度，竟取得了如此突出的成就，实在令人钦佩。特别是，拉曼是印度国内培养的科学家，他一直立足于印度国内，发愤图强，艰苦创业，建立了有特色的科学研究中心，走到了世界的前列。

拉曼喜爱玫瑰胜于一切，他拥有一座玫瑰花园。拉曼1970年逝世，享年82岁，按照他生前的意愿火葬于他的花园里。

本文主人公

美好生活 美丽心情

成功的特质，你具备吗？

1. 摆脱负面情绪

时间是流动的，不要让自己的情绪一直停留在负面的过去，而要将精力和注意力放在创造未来上。

2. 积极主动

英特尔前总裁安迪·葛洛夫曾说：有人欠你一份工作！我们应该永远记得，自己的位置是自己给的。

3. 热情

维京集团的总裁布兰森是一位豪放不羁、自由率性的企业经营者，他让每个人都相信，热情是引爆成就的动力。

4. 亲切感

在强调专业的今天，每个人只要穿上正式的西装和套装，谁看起来不够专业？然而，专业背后的决胜点，就是你是否比别人更具亲和力。

5. 体贴

体贴别人就是体贴自己的人生、自己的事业。不要小看一份体贴，它或许可以让你的事业无限宽广。

6. 与众不同的想法

苹果电脑有一个很棒的宣传口号，就是“想法要与众不同”。也许在我们身边总有一些被我们认为是疯子、是叛逆者、总喜欢惹事生非的人，但也许世界却因为他们的“偏执”而得以改变。

7.一定要成功的决定

一个喜欢演说的人，不甘于自己只是二流的推销员，所以他创立了最富盛名的激励机构——“卡耐基训练”。他就是激励 3000 万人成功、写出的书籍销量仅次于《圣经》的戴尔·卡耐基。